国家自然科学基金面上项目资助

河南省教育厅自然科学研究资助计划项目资助

中国葡萄酒中氨基甲酸乙酯的研究

梁新红　孙俊良　著

科学出版社

北　京

内 容 简 介

本书在有关氨基甲酸乙酯致癌理论的基础上，系统地阐述了 GC/MS 方法检测葡萄酒中氨基甲酸乙酯的四种前处理方法，用建立的方法对我国 60 余种葡萄酒样品进行氨基甲酸乙酯含量测定及数据分析，提出了我国葡萄酒中氨基甲酸乙酯含量的限量指标建议值。同时本书对葡萄酒中形成氨基甲酸乙酯的前体物质精氨酸和瓜氨酸的检测方法进行了研究，并建立了简便、快捷、经济的精氨酸和瓜氨酸检测方法。作为一部酒品中氨基甲酸乙酯研究的学术论著，本书从理论及实践两方面为推动酒品的质量安全提供了新思路。

本书适合从事发酵食品及食品质量安全与检测的科研人员、生产人员及企业管理人员阅读，也可作为高等院校食品科学与工程专业教师、本专科学生及研究生的参考书。

图书在版编目（CIP）数据

中国葡萄酒中氨基甲酸乙酯的研究/梁新红，孙俊良著. —北京：科学出版社，2015.7

ISBN 978-7-03-045014-2

Ⅰ. ①中… Ⅱ. ①梁… ②孙… Ⅲ. ①葡萄酒-氨基甲酸-乙酯-研究-中国 Ⅳ. ①TS262.6

中国版本图书馆 CIP 数据核字（2015）第 130826 号

责任编辑：贾 超 刘志巧 / 责任校对：张小霞
责任印制：徐晓晨 / 封面设计：铭轩堂

科学出版社出版
北京东黄城根北街 16 号
邮政编码：100717
http://www.sciencep.com
北京凌奇印刷有限责任公司印刷
科学出版社发行 各地新华书店经销
*
2015 年 7 月第 一 版 开本：787×1000 B5
2020 年 5 月第三次印刷 印张：7 3/8
字数：140 000

定价：68.00 元

（如有印装质量问题，我社负责调换）

前　　言

氨基甲酸乙酯早在 1943 年就被证实是一种致癌物质。对啮齿类动物，氨基甲酸乙酯是一种多位点致癌物，可导致肺癌、淋巴癌、肝癌和皮肤癌等疾病。国际癌症研究所已将其认定为 2A 级致癌物。世界卫生组织提议规定酒类饮料中氨基甲酸乙酯的限量标准。FAO/WHO 食品添加剂联合专家委员会（JECFA）第 64 次会议建议，为了保障人类身体健康，应尽可能降低发酵饮料和食品中氨基甲酸乙酯的含量。

近年来，我国葡萄酒的产量和消费量都保持了强劲的增长势头。随着消费量的增加及葡萄酒进出口的需要，我国对葡萄酒中氨基甲酸乙酯的研究越来越重视。但目前，我国还没有对包括葡萄酒在内的发酵饮料和食品中氨基甲酸乙酯含量进行限定的标准和法规。随着我国人民生活水平和健康意识的不断提高，酒精饮料的消费量日趋上升，对各种酒品中氨基甲酸乙酯的研究将会越来越受到重视，制定酒精饮料中氨基甲酸乙酯限量标准势在必行。

本书为葡萄酒中氨基甲酸乙酯研究专著，系统地阐述了氨基甲酸乙酯检测前处理方法、氨基甲酸乙酯前体物质检测方法，并根据研究结果，制定了葡萄酒中氨基甲酸乙酯检测的标准以及我国葡萄酒中氨基甲酸乙酯含量限量标准指标建议值。作者基于近 10 年来的研究与生产实践，结合国内外最新的研究成果，突出理论与生产实际相结合，努力体现研究的科学性与经济实用性，反映近年来酒精饮料中氨基甲酸乙酯研究的新成果。相信本书对推动降低我国酒精饮料中氨基甲酸乙酯含量具有一定的理论价值和应用价值。

本书由河南科技学院梁新红和孙俊良著。研究过程得到西北农林科技大学李华教授的指导。在出版过程中，得到了国家自然科学基金面上项目（31171641）和河南省教育厅自然科学研究资助计划项目（14A550010）资助，同时得到河南科技学院国际交流处赵瑞香教授的大力帮助和支持，在此一并表示衷心的感谢！

由于作者水平有限，书中难免有不足之处，恳请读者批评指正。

梁新红

2015 年 3 月

目　　录

第一章 葡萄酒中氨基甲酸乙酯概述

氨基甲酸乙酯（ethyl carbamate，EC，又叫 Urethane）早在 1943 年就被证实是一种致癌物质[1-3]，研究表明，对啮齿类动物，EC 是一种多位点致癌物，可导致肺癌、淋巴癌、肝癌和皮肤癌等疾病，并且乙醇对 EC 的致癌性有促进作用[4-7]。1971 年，Lofroth 和 Gejvall 在葡萄酒中发现了 EC。1976 年，Ough 在酸乳酪和葡萄酒中检测到了 EC[8, 9]。此后，在 20 世纪 70～80 年代，世界各国研究学者又先后在蒸馏酒、白兰地、威士忌、酱油和面包等发酵饮料和食品中检测到了 EC 。这些发现引起了各国政府对发酵食品中 EC 含量的重视，世界卫生组织也提议规定酒类饮料中 EC 的限量标准。1985 年，加拿大的卫生与预防部门（Health Protection Branch of Canada）对酒精饮料中 EC 含量规定了强制性限量标准：佐餐葡萄酒 30 μg/L，加强葡萄酒 100 μg/L，蒸馏酒 150 μg/L，烈性酒和水果白兰地 400 μg/L，日本清酒 100 μg/L[1]。随后，1988 年，美国食品和药品管理局（US FDA）、美国葡萄酒研究所和美国酒商协会制定了有关葡萄酒中 EC 含量的非强制性标准：1988 年以后生产的佐餐葡萄酒（酒精度≤14%，体积分数）EC 含量不能超过 15 μg/L，1989 年以后生产的甜葡萄酒（酒精度≥14%，体积分数）EC 含量不能超过 60 μg/L[10]。FAO/WHO 食品添加剂联合专家委员会（JECFA）第 64 次会议建议，为了保障人类身体健康，应尽可能降低发酵饮料和食品中 EC 含量。

第一节 酒精饮料中 EC 测定方法的研究进展

为了降低酒精饮料中 EC 的含量，大多数国家都采取了相应措施，其中简便、快捷、准确的 EC 含量的检测方法是其中最重要的内容之一。下面对国内外 EC 的检测方法研究进展进行概述。

一、EC 的物理化学性质

EC 的分子式为 $C_3H_7NO_2$，相对分子质量为 89.1，为无色、无味的白色粉末状晶体，其主要的物理化学性质见表 1-1[2, 11]。

表 1-1 EC 的物理化学性质

项 目	数 据
沸点/℃	182～184（760mm Hg）
熔点/℃	48～50
相对密度	1.1
蒸气压/Pa（25℃）	48
相对蒸气密度	3.07（空气为 1）
燃烧点/℃	92
表观状态	无色无味晶体

EC 不易挥发，在水中的溶解度大约为 2 g/mL[2]，在有机溶剂中溶解度稍低，蒸气压较高。由于这些特征，在分析检测酒精饮料中痕量 EC 时，样品前处理过程会造成 EC 的损失。

EC 是以 98%H_2SO_4 作催化剂，用无水乙醇将尿素直接进行醇解得到的产物[12]。EC 在化学反应中既表现羧酸酯的性质，又能表现氨基化合物的性质，反应产物为一些酯类、氨基化合物、烯醇和氰酸盐。在密封容器中，150℃条件下，EC 和氨反应生成尿素。EC 和亚硫酰二氯反应，生成脲基甲酸盐。

二、EC 检测方法

从 20 世纪 70 年代在发酵食品和饮料中发现 EC 以来，许多文献报道了酒精饮料中 EC 的检测方法。表 1-2[13-30, 10]中列举了 1986 年以来报道的酒精饮料中 EC 检测的主要方法。从表中可以看出，样品前处理方法及检测方法都在不断改进。萃取方法从液/液萃取发展至固相萃取柱乃至方便简单的固相微萃取；从 1986 年后，EC 的气相检测开始以毛细管柱代替填充柱，EC 的检测器也从气相检测器发展至高灵敏度的 GC/MS 乃至灵敏度及精密度更高的 GC/MS/MS。然而，随着人们对发酵酒精饮料中 EC 含量的进一步重视，新的检测方法也在不断出现。Melo Abreu 等[31]第一次报道了用 HPLC-FLD 检测酒精饮料中 EC 的方法的可行性，但方法的准确度和精确度较低，特别是干红、干白葡萄酒中 EC 检测精确度的相对标准偏差在 10.9%～74.6%，因此这种检测方法并没有得到推广。随后，Park 等[32]报道了采用 HPLC/MS/MS 方法检测酱油中 EC，精确度的相对标准偏差在 1.1%～2.2%，但此方法所需设备仪器昂贵。Lachenmeier[33]报道了用傅里叶变换红外光谱仪（Fourier transform infrared，FTIR）对核果酒精饮料中的 EC 含量进行快速检测的方法，但报道的方法仅适合于定性及半定量检测。很显然，随着研究的深入，FTIR 方法的灵敏度和精密度进一步提高，必将是 EC 检测快速、方便的一种检测方法，但目前，这种快速检测方法不能满足酒精饮料中 EC 限量标准的测定要求。总之，从以上分析及表 1-2 可以得知，20 世纪 90 年代以后，EC 的检测主要用的是 GC/MS 法，那么样品的前处理方法在检测中起着至关重要的作用。

表 1-2 酒精饮料中 EC 检测方法列举

样品预处理方法		检测器（参考文献）						
		FID	NPD	Hall	TEA	TSD	MS	MS/MS
直接进样	衍生化处理	[19]					[11]，[16]	
	多维色谱技术	[1]	[2]					
液/液萃取	加盐（KCl，NaCl） 用有机溶剂萃取		[7]			[15]	[5]，[14]， [10]，[6]，[1]	
固/液萃取	硅藻土作吸附剂 用二氯甲烷萃取						[17]	
固相萃取柱	硅藻土固相萃取柱 ENV ＋固相萃取柱 Extrelut			[9]	[9]		[8]，[4]，[12]， [18]	
固相微萃取	非溶剂萃取						[3]，[20]	[13]

注：FID—火焰离子化检测器；NPD—氮磷检测器；Hall—电导检测器；TEA—热能分析仪；TSD—热离子灵敏检测器；MS—质谱检测器，包括 EI-MS 和 CI-MS；MS/MS—串联质谱检测器

三、样品前处理

（一）萃取溶剂

随着环保意识的增强，人们发现化学分析本身也是一种污染排放源。传统的样品处理技术，如液/液萃取等需用数量可观的有机溶剂，其中许多有机溶剂毒性很强，既危害环境又危害人体健康。因此，选择毒性低、用量少的萃取方法尤其重要。可用于萃取酒精饮料中 EC 的有机溶剂很多，如 Woo 等[34]用液/液萃取法，对韩国传统米酒中 EC 进行萃取，结果表明，以三氯甲烷为萃取溶剂 EC 的回收率比较高；Fauhl 和 Wittkowski[21]以及吴平谷和陈正冬[16]等用二乙醚萃取葡萄酒中 EC；Jagerdeo 等[23]以乙酸乙酯萃取酒精饮料中 EC；国际葡萄与葡萄酒组织（Organisation Internationale de la Vigne et du vin，OIV）（Resolution Oeno 8/98）方法采用二氯甲烷作为萃取溶剂等。下面对文献报道的萃取酒精饮料中 EC 的有机溶剂进行分析。

三氯甲烷对人具有麻醉作用，主要作用于中枢神经系统，对心脏、肝脏、肾脏有损害，吸入或经皮肤吸收会引起急性中毒。三氯甲烷对环境也有危害，在地下水中有蓄积作用。其污染行为主要体现在空气和水中，对食品及蔬菜也能造成污染，并且在水环境中很难被生物降解。三氯甲烷的熔点为−63.5℃，沸点为61.2℃，不溶于水，溶于醇、醚、苯。

二乙醚或称乙醚，是非常好的有机溶剂。但乙醚及其蒸气均极易燃烧，在强烈日光照射下，能使容器急速膨胀而导致爆炸，燃烧时所产生的毒气可使人昏迷，甚至致死。闪点为 40℃，沸点为 34.6℃，微溶于水，能溶于乙醇、苯、氯仿等有

机溶剂。

乙酸乙酯对环境有危害且易燃易爆，具刺激性和致敏性。其熔点为−83.6℃，沸点为77.2℃。

二氯甲烷具有溶解能力强和毒性低的优点，相对密度为1.326，熔点为−96.7℃，沸点为40.4℃。

由以上分析可知，三氯甲烷和乙酸乙酯的沸点均较高，不利于洗脱液的浓缩，并且其对环境和人体具有危害性，不适合作为萃取溶剂。乙醚的沸点低于二氯甲烷，但因其毒性大且易燃易爆，也不适合作为萃取剂。因此，萃取葡萄酒中EC的合适的萃取剂为二氯甲烷。

（二）萃取方法

色谱样品的前处理过程是一个耗时、烦琐且容易引入分析测定误差的过程，样品制备方法的恰当与否直接关系到GC分析的成本、速度和实用性。葡萄酒中含有微量的EC，酒样的前处理关系到EC检测的成功与否。近年来，用于食品和饮料中痕量成分分析的方法主要有液/液萃取、固相萃取、固相微萃取和固/液萃取等[35-37]。

1. 液/液萃取（liquid/liquid extraction，LLE）

LLE是一种传统的样品预处理技术，直至目前仍是最常用的样品前处理方法。它是利用待测组分与样品中的杂质在互不相溶的两种溶剂中的分配系数不同而实现样品的纯化。这种萃取方法操作简单，无需特殊的设备，但也存在一些难以克服的缺点：操作烦琐、费时长，且重复性差；产生乳化作用，使分析结果偏低；萃取剂消耗量大，这些有毒的有机溶剂不利于分析人员的身体健康，在萃取过程中以及之后的溶剂回收过程中会伴有严重的污染问题等。

2. 固相萃取（solid phase extraction，SPE）

SPE技术是基于液相色谱理论的一种分离纯化方法。SPE柱的广泛应用起始于1975年美国Waters公司首次将Sep-Pak投放市场，用以浓缩被测组分或除去有害物质。1978年出现一次性SPE商品柱[38-40]，自此以后，SPE技术在葡萄酒成分检测等诸多领域得到了长足的发展。

（1）SPE技术原理。吸附剂将液体样品中的目标化合物吸附，与样品的基质和干扰化合物分离，然后再用洗脱液洗脱，达到分离或者富集痕量目标化合物的目的。SPE的主要分离模式可分为正相、反相、离子交换和吸附，其作用机理包括氢键、偶极作用、疏水性、相互作用和静电引力等[41]。

在建立 SPE 方法之前，首先要了解试样预处理所要达到的目的及分析试样的性质及其他有关信息。对于待测组分，需要了解试样基质和分析物的性质，如分子结构、pK_a、极性、官能团、样品的溶解性和稳定性及溶液的酸碱性质；试样中分析物的浓度或浓度范围；以及试样溶剂的性质，即试样中存在哪些对分析方法有干扰的物质[42]。

（2）SPE 柱的填料类型。按照填料吸附剂的不同，SPE 可分为正相、反相和离子交换固相萃取[43,44]。

正相吸附剂有：硅酸镁、氨基、氰基、双醇基键和硅胶及氧化铝等。正相萃取过程中目标物质的极性官能团与吸附表面的极性官能团发生极性作用（包括氢键作用、偶极矩作用及诱导作用等）而保留溶于非极性介质的极性化合物。由于其特殊的作用机理，在化学分析中常用于与其他类型的吸附柱连用，吸附去除干扰物，实现样品纯化。

反相吸附剂主要有键合硅胶 C_{18}、C_8，石墨碳、多孔苯乙烯-二乙烯基苯共聚物等。此类吸附剂主要通过目标物的碳氢键同硅胶表面的官能团产生非极性的范德华力或色散力来保留目标物。这类 SPE 小柱较适用于水样中的非极性到中等极性的有机物的富集和纯化。其中最常用的是键合硅胶 C_{18}、C_8 小柱。

离子交换吸附剂主要包括强阳离子和强阴离子交换树脂。离子交换填料有：季胺基、氨基、二胺基、苯磺酸基、羧基等。适用于阴阳离子型有机物，如苯酚、次氮基三乙酸、苯胺和极性衍生物、邻苯二甲酸酯类。

（3）SPE 柱的优点。与传统的 LLE 样品前处理方法相比，SPE 方法具有如下优点[35,45]：速度较快，缩短了预处理时间；采用高效、高选择性的吸附剂，大大减少有机溶剂的用量，降低了实验成本，又减少了对环境的污染；不出现乳化现象，更有效地将分析物与干扰组分分离，易获得较为纯净的分析物，分析物的回收率大大增高；分析物的精密度和准确度大大提高；操作简单，容易实现自动化。

由于葡萄酒成分复杂多样，葡萄酒中香气成分、多酚类物质及其他成分的检测过程中，样品的前处理成为一个难点和热点，固相萃取技术的迅速发展为葡萄酒成分的检测提供了样品前处理的技术基础。

3. 固相微萃取（solid phase microextraction，SPME）

SPME 是 1990 年年初由加拿大 Waterloo 大学 Pawliszyn 等在 SPE 基础上发展起来的样品预处理技术，属于非溶剂型选择性萃取法。其操作原理与 SPE 近似，但是操作方法迥然不同。SPME 以熔融石英光导纤维或其他材料为基体支持物，采取“相似相溶”的特点，在其表面涂渍不同性质的高分子固定相薄层，通过直接或顶空方式，对待测物进行提取、富集、进样和解析[46]。SPME 有两种萃取方式，一种是将萃取纤维直接暴露在样品中的直接萃取法，适于分析气体样品和洁净水样中的有机化合物。另一种是将纤维暴露于样品顶空中的顶空萃取法，广泛适用于废水、油脂、高分子量腐殖酸及固体样品中挥发、半挥发性的有机化合物的分析[47,48]。EC 是半挥发性有机化合物，文献报道的 SPME 方法一般采用顶空萃取法[15,24,30]。

固相微萃取基本原理[49-51]和萃取机制为待测物在介质相和 / 或顶空相以及萃取纤维相的分配平衡过程，在一定条件下达动态平衡时，涂层吸附的待测物的量与样品中的浓度成正比，在固相微萃取操作过程中，样品中待测物的浓度或顶空中待测物浓度与涂布在熔融硅纤维上的聚合物中吸附的待测物浓度间建立了平衡，吸附动力学用数学式表达为

$$n=K_{fs}V_1C_0V_s/（K_{fs}V_1+V_s）\tag{1-1}$$

式中，n 为待测物质被涂层吸附的量；K_{fs} 为待测物质在涂层和样品基质中的分配系数；V_s 为样品的体积；V_1 为涂层的体积；C_0 为样品中待测物质的初始浓度。

由于相对 V_1 而言 V_s 很大（$V_s>>K_{fs}V_1$），那么可近似地认为，涂层萃取的待测物质的量与样品的体积无关，而与样品中待测物质的初始浓度成正比：

$$n=K_{fs}V_1C_0\tag{1-2}$$

对于某一 SPME 装置，$K_{fs}V_1$ 为一常数，设 $K_{fs}V_1=K$，则

$$n=KC_0\tag{1-3}$$

式（1-3）即固相微萃取的定量关系式，以此作为定量分析的依据。

影响固相微萃取的因素[49-53]如下。

1）萃取纤维涂层

根据 SPME 技术的原理及萃取过程，可知萃取纤维涂层是影响 SPME 萃取选择性及灵敏度的重要部分。通过改变萃取纤维涂层的性质及长度和厚度，可以改变对不同待测化合物的选择特性和吸附量，即相应的萃取灵敏度。一般而言，选择与目标化合物性质相近的萃取涂层，可以提高萃取选择性。例如，选用非极性的萃取涂层 PDMS，对甲醇、乙醇、丙醇等极性化合物的萃取量很低，而对乙酸乙酯等极性较弱的化合物有非常明显的吸附增量；又如，选用极性较强的 PA 萃取涂层，比非极性的 PDMS 涂层对待测物质（相对极性较强）的吸附有明显增加；选用部分交联和复合键合相的萃取涂层增加对待测物质的选择性，同时吸附量大幅度增加，如 CAR/PDMS 型的萃取纤维涂层对提取和富集表中化合物的选择性和灵敏度最佳。另外，增加涂层厚度和长度可以提高萃取的吸附量即灵敏度。一般而言，增加萃取纤维涂层的厚度有助于待测物质萃取回收率的提高，但是相应的萃取时间会增加。具体来说，高分子固定相涂层对有机物的萃取和富集是一种动态平衡过程，涂层要对有机分子有较强的选择性，即需要较大的固/气和固/液分配系数；其次还需要有合适的分子结构，保证待测物质在涂层中有较快的扩散速度。如果达到分配平衡的速度较快，并且能在 GC 的进样口迅速热解析，就不会造成

色谱峰展宽。另外，涂层材料应具有良好的热稳定性及涂渍性能，在光滑的石英纤维表面上保持均匀的涂层厚度及重复性是该技术的关键所在。

2）萃取温度与时间

SPME 提取和富集样品是一个动态平衡的过程，萃取效率与待测物质在各相之间的分配系数有关。分配系数是热力学常数，温度是直接影响分配系数的重要参数。升高温度会促进挥发性化合物到达顶空及萃取纤维表面，然而 SPME 表面吸附过程一般为放热反应，低温适合于反应进行。综合考虑参数条件，应使萃取介质温度较高，而萃取纤维表面保持低温。另外还要考虑不同性质化合物的适宜萃取温度条件。

一般的测试系统均为多组分、多相的混合体系，因而存在萃取吸附竞争。不同的待测物达到动态平衡的时间长短，取决于物质的传递速率和待测物本身的性质、萃取纤维的种类等因素。挥发性强的化合物在较短时间内即可达到分配平衡，而挥发性弱的待测物质则需要相对较长的平衡时间。

3）其他因素

除萃取纤维固定相、萃取温度和时间等参数外，离子强度、pH、搅拌效率、样品体积、顶空体积、进样方式、纤维位置、解析温度和时间等，都会对萃取效率产生影响。

SPME 的优点为：完全消除了有机溶剂，使萃取、预富集、进样一次完成，减少了分析时间，且可以自动进样；SPME 适用于多种样品，在分析挥发性与半挥发性有机物上更能显示出其优越性；近年来，SPME 和气相色谱联用，与高灵敏度的检测器如质谱、电子捕获检测器、原子发射光谱检测器结合，可使分析的检出限达到μg/L～ng/L 量级；与高效液相色谱和毛细管电泳结合也有一定进展[54]。

4. 固/液萃取（solid/liquid extraction，SLE）

SLE 法是用硅藻土和待测样品混合均匀，装入色谱玻璃层析柱，然后用萃取溶剂洗脱的萃取方法。Matsudo 等[28]使用的 SLE 方法是最早的萃取酱油中 EC 的前处理方法。操作技术要点为：将含有被分析物的液相倒入盛有适当吸附剂的器皿中，振摇一定时间，使被分析物在两相间分配达平衡。如果吸附剂有效，则大部分被分析物被吸附于固相，然后再用适当的溶剂使之解吸附即可。

SLE 方法具有 SPE 方法的部分优点，如速度较快，缩短样品预处理时间；选用高效、高选择性的吸附剂，大大减少有机溶剂的用量，降低实验成本，又减少了对环境的污染；不出现乳化现象；分析物的精密度和准确度有一定提高等。

随着硅藻土质量的提高，检测器灵敏度的提高，SLE 也日益显示出其成本低、萃取溶剂使用量少的优点。

5. 多维气相色谱法（multidimensional gas chromatography，MDGC）

MDGC 是指使用两根以上的色谱柱或两个以上的检测器，通过阀切换或改变各柱前压力来改变载气流向的办法，得到比单柱系统更多的分离信息的手段。可以采用直通式、切割式、反吹式、中心切割式四种操作方式，中心切割是多维气相色谱中应用最广的一种操作方式。同时根据改变载气流向的方式又可分为有阀切换多维色谱和无阀切换多维色谱[55]。相比较而言，有阀切换技术具有易于掌握和使用的优点。MacNamara[27]、马娅萍等[14]报道了采用多维色谱直接进样的检测方法。因酒精饮料中含有大量乙醇，分析酒精饮料中 EC 含量时直接进样有其局限性。Ma 等[26]、马娅萍等[13]和 Jagerdeo 等[23]先后报道了先将酒样经萃取预处理，然后用 MDGC 检测酒精饮料中的 EC 含量的方法，检测的灵敏度均较高。MDGC 在提高检测的灵敏度和精密度方面有其优越性，但多维气相色谱仪器价格昂贵，在检测酒精饮料中 EC 含量方面并没有推广开来。

四、EC 检测方法的回收率、检出限和内标

一般情况下，EC 的回收率和样品中 EC 的浓度、酒精饮料的类型以及所用的样品处理和检测方法有关。外标法的回收率较低，一般在 60%～80%。内标法的回收率较高，欧洲委员会和 OIV 规定酒精饮料中 EC 的测定采用内标法，回收率要求在 90%～110%。所有报道的酒精饮料中 EC 检测的检出限为 1～100μg/L。

有文献报道的 EC 检测中使用的内标有氨基甲酸甲酯[22]、氨基甲酸丙酯[10]、氘代氨基甲酸乙酯[56]等，也有采用氨基甲酸丁酯、氨基甲酸叔丁酯作为内标的报道[2,57]。欧洲委员会和 OIV 建议采用氨基甲酸丙酯作为检测 EC 的内标。

五、合作研究

有两篇文献报道了酒精饮料中 EC 检测的合作研究。Canas 等[10]报道了来自于美国、日本、英国、荷兰、瑞士和法国的 17 个实验室的酒精饮料中 EC 检测的合作研究。这项合作研究是根据 AOAC 制定的合作研究程序指南而设计的。合作研究采用的 EC 分析方法为：①一次性硅藻土萃取柱，以二氯甲烷作为萃取剂；②GC/MS 方法，选择性离子控制模式（selected ion monitoring，SIM）检测；③以氨基甲酸丙酯（n-propyl carbamate，nPC）作为内标。合作研究实验室对蒸馏酒、加强葡萄酒和佐餐葡萄酒的 6 种酒样进行了检测，回收率在 87%～93%。Melo Abreu 等[31]报道了把 HPLC/FLD 和 GC/MS 方法进行比较的国际合作研究，其目的是强调 HPLC/FLD 方法用于 EC 检测的可能性。合作研究是确定一种准确、可靠及可行的标准检测方法的途径，但适合当地实验室及分析条件的可行的、准确度和精密度高的检测方法研究更为重要。

六、质谱检测器

由表 1-2 可以看出，自 1986 年以来，用于 EC 检测的检测器普遍使用质谱的 SIM 方法。在 EC 的总离子扫描质谱中，特征离子为 *m*/*z* 62、*m*/*z* 74 和 *m*/*z* 89（图 1-1）。*m*/*z* 89 为分子离子，碎片离子 *m*/*z* 74（$CH_2=O^+-CO-NH_2$）和 *m*/*z* 62（$C(OH)_2=NH_2^+$）都来自于“McLafferty＋1”的重排反应（图 1-2）。因为空气中的 CO_2 也能离解成 *m*/*z* 44（$O=C=N^+H_2$），因此，*m*/*z* 44（$O=C=N^+H_2$）一般不作为 EC 分析的特征离子。*m*/*z* 89、*m*/*z* 74 和特征离子 *m*/*z* 62 是 EC 定量分析中用于 SIM 的三种离子。

由图 1-1 可以看出，*m*/*z* 62 在三种离子中强度最大。*m*/*z* 62 是大多数非氮取代氨基甲酸类化合物的特征离子（除去烷氧基链中不含*β*-氢的物质，如氨基甲酸甲酯、氨基甲酸丙酯等）。因此选择其作为 EC 的定量离子。虽然对于大多数烷氧基甲基酯来说，*m*/*z* 74 也是麦氏重排的碎片离子，但其干扰化学物质较多，一般情况下，*m*/*z* 74 质谱首先被判断为丁二酸二乙酯，然后才是氨基甲酸乙酯。在 *m*/*z* 89 处，EC 的峰非常弱而不能作为 EC 的准确定量特征离子。因此，*m*/*z* 62 为葡萄酒中 EC 含量检测的定量离子。

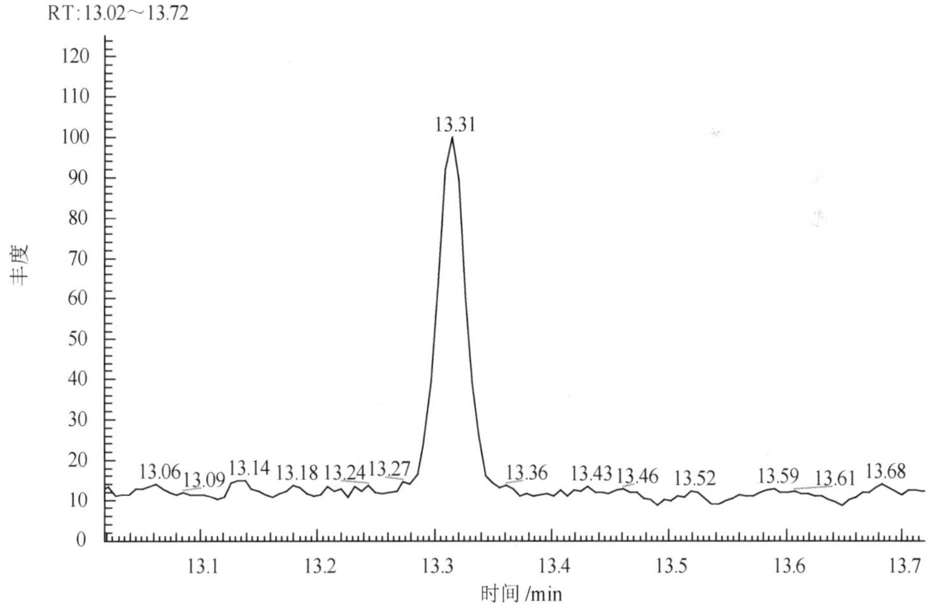

（a）*m*/*z* 62

图 1-1　100μg/L EC 标准品的质谱图

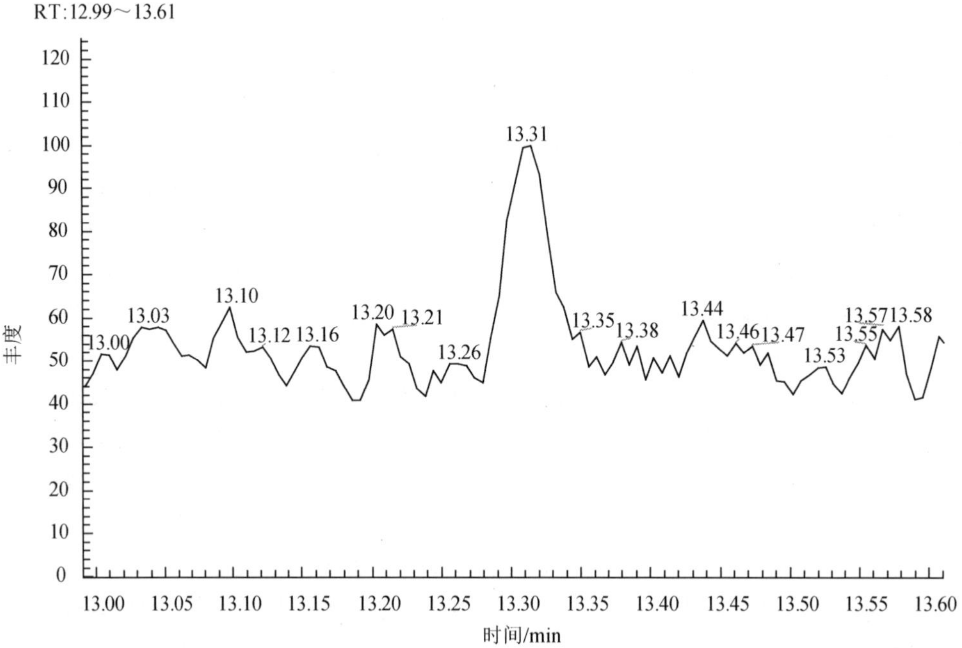

（b）*m/z* 74

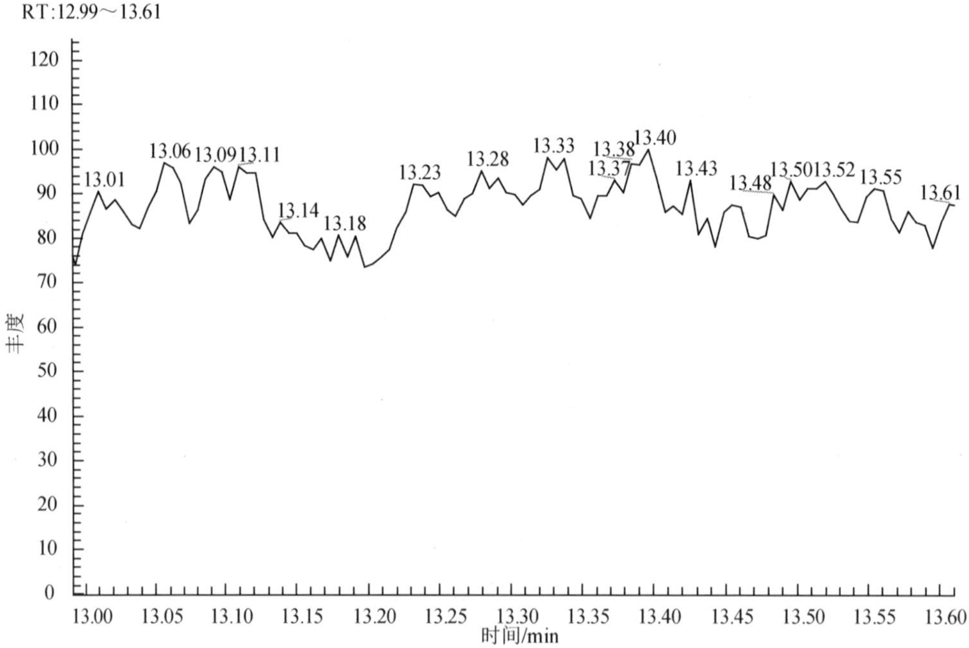

（c）*m/z* 89

图 1-1　100 μg/L EC 标准品的质谱图（续）

EC 的保留时间为 13.31min

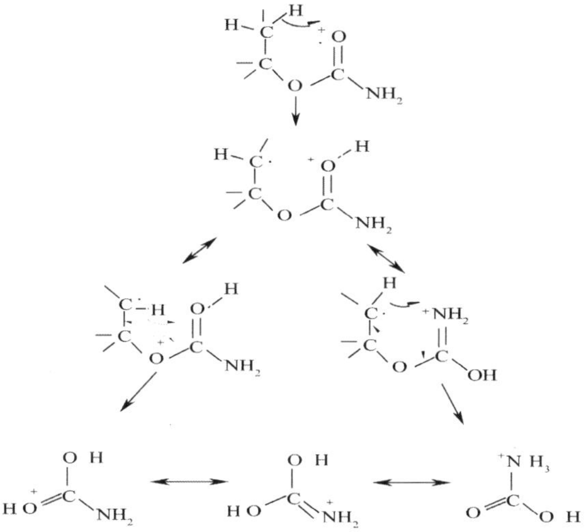

图 1-2　*m/z* 62 的麦氏重排反应

在葡萄酒 EC 含量检测时，一般用 *m/z* 62 进行定量，如图 1-3 所示，在 *m/z* 62 处峰强度较大。

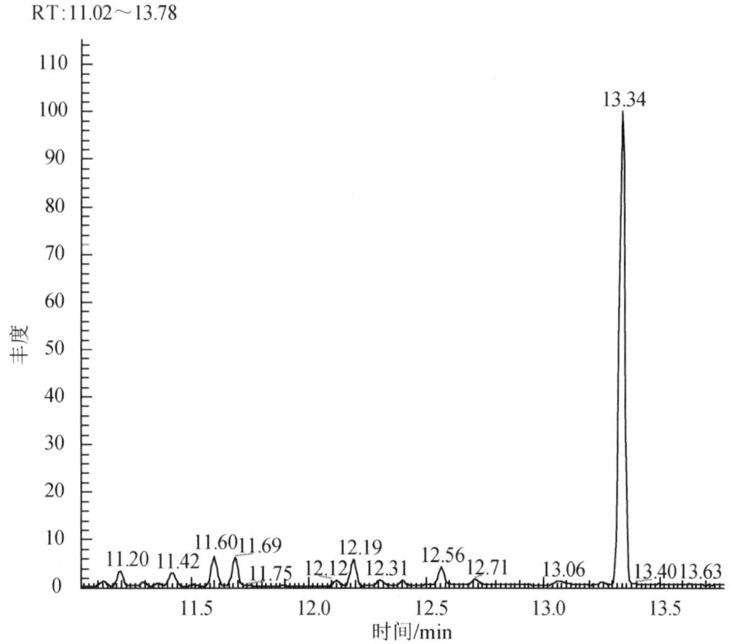

图 1-3　葡萄酒中 EC 含量为 25μg/L 的 *m/z* 62 质谱图

EC 的保留时间为 13.34 min

七、国外对葡萄酒等发酵饮料中 EC 含量的调查情况

加拿大于 1985 年首次对葡萄酒中 EC 含量进行调查，发现葡萄酒中 EC 含量较高，根据调查结果，出台了一系列葡萄酒中 EC 含量限定的法规，规定佐餐葡萄酒中 EC 含量不得超过 30 μg/L，加强葡萄酒中不得超过 100 μg/L。加拿大安大略省酒类管制局（the Liquor Control Board of Ontario，LCBO）对国内和进口葡萄酒中 EC 含量进行了调查，其中干红、干白葡萄酒有 15%的样品超过了限定标准 30 μg/L[58]，1994 年，加拿大再次对葡萄酒中 EC 含量进行调查，结果表明，在加拿大政府和葡萄酒工业的努力下，葡萄酒中 EC 含量明显降低。

1986 年 1 月至 1987 年 8 月，美国的 FDA-ATF 首次对国内和进口酒精饮料中 EC 含量进行了调查。结果表明，酒精饮料中 EC 含量普遍较高。根据调查结果，1988 年，美国葡萄酒生产者制定了葡萄酒中 EC 含量的非强制性限量标准，规定 1988 年以后生产的佐餐葡萄酒（酒精度≤14%，体积分数）EC 含量不能超过 15 μg/L，1989 年以后生产的甜葡萄酒（酒精度≥14%，体积分数）EC 含量不能超过 60 μg/L。1991 年，ATF 再次对国内和进口的酒精饮料中 EC 含量进行抽样调查。调查结果表明，五年之内，在美国葡萄酒工业的努力下，佐餐葡萄酒 EC 含量从 13 μg/ L 降到 10 μg/L，利口酒 EC 含量从 100 μg/L 降到 10 μg/L，雪利酒 EC 含量从 130 μg/L 降到 10 μg/L，佐餐葡萄酒中 EC 含量也明显降低。

1990～1992 年，英国农业、渔业和食品部对威士忌、水果白兰地、啤酒、葡萄酒等酒精饮料中 EC 进行了调查，发现这些发酵饮料中 EC 含量非常高。1992 年，英国食品、消费品及环境中化学品毒性委员会（COT）建议应采用一切可能的方法把发酵食品和酒精饮料中 EC 含量降到最低。2000 年，英国食品标准局再次对威士忌中 EC 含量进行调查，结果表明，在此十年中，威士忌工业采取了有效措施降低了威士忌中 EC 的含量。此次调查中，威士忌中 EC 的含量明显降低，平均含量为 29μg/L，大大低于加拿大和美国相应法规中的限定标准。2005 年，英国食品标准局第三次对 75 种发酵饮料和调味品及 25 种发酵食品中 EC 含量进行抽样调查，并把 EC 含量高于 10μg/L 的样品反馈给生产厂家，以督促厂家采取措施降低 EC 的含量。

另外，德国、瑞士、丹麦、韩国等国家也纷纷对发酵食品和饮料中 EC 含量进行了调查，并根据调查结果采取措施降低发酵食品和饮料中的 EC 含量[33,59,60]。

美国、英国和加拿大等国家对酒精饮料中 EC 的调查情况充分说明了适时对酒精饮料中 EC 含量进行调查并制定相应的限量标准是十分必要的，其对提高葡萄酒等酒精饮料的卫生质量意义重大。

八、我国 EC 检测方法的研究进展

我国对酒精饮料中 EC 的检测也进行了研究。纳新力等[61]报道了用薄层分析法测定酒精饮料中的EC，此方法可以对酒中 EC 进行定性及半定量分析，但不能满足饮料酒中限量标准的测定要求。袁身淑等[17]、周英田等[18]前处理采用 LLE 方法，检测采用 GC/MS 方法检测酒中的 EC，提高了检测方法的灵敏度，但其质谱检测分别采用的选择离子为 *m/z* 62、*m/z* 74、*m/z* 77、*m/z* 123 和 *m/z* 44、*m/z* 62、*m/z* 74，检测时对 EC 的定性尚有一定的缺陷。马娅萍等[13,26]先后采用二维色谱和多维色谱技术直接分离白酒中 EC，定量测定分别采用氮磷检测器和质谱检测器。王利平等[15]报道了前处理采用无溶剂萃取的 SPME 法，检测采用 GC/MS 的方法，选择离子采用 *m/z* 62 和 *m/z* 74，采用的是外标定量法，检测的准确度较低。吴平谷和陈正冬[16]前处理采用 100 mg/5 mL 的 Cle-SLE 固相萃取小柱，萃取酒样量为 2 mL，检测采用 GC/MS 的方法，但处理酒样量少，检出限低。

1993 年，我国颁布了出口蒸馏酒、黄酒中 EC 检验的行业标准（SN 0285—1993）。此标准的萃取方法采用 LLE 方法，并且检测采用外标法。很显然，随着前处理和检测方法的提高，此行业标准亟待改进。

根据以上分析，我国对酒精饮料特别是葡萄酒中 EC 含量的检测方法尚待进一步研究。

第二节 EC 的致癌作用

一、EC 的致癌机理

自从发现 EC 的致癌性以来，许多研究者对 EC 的致癌机理进行了研究。研究发现，EC 在生物体内的代谢主要与细胞色素 P450 有关[62-64]，其在生物体内的代谢途径[65-69]为：5%的 EC 被动物以尿的形式排出体外；90%以上的 EC 被肝脏内的酯酶分解为乙酸、氨和碳水化合物等（这条途径是无毒性的）；0.5%左右的 EC 被细胞色素 P450 氧化为乙烯基-氨基-甲酸乙酯，随后形成乙烯基-氨基-甲酸乙酯环氧化物，这种环氧化物在体内形成 DNA 加合物，造成 DNA 双链的损坏，从而导致细胞癌变；约 0.1%的 EC 被细胞色素 P450 氧化为 *N*-羟基氨基甲酸乙酯，该物质能够诱导 Cu^{2+}调控的 DNA 损伤。这种损伤多发生于胸腺嘧啶（T）和胞嘧啶（C）的残基上，具体作用机理为：Cu^{2+}存在时，EC 被细胞色素 P450 氧化的同时还会产生 NO 和 $O_2^{\cdot-}$，由 NO＋$O_2^{\cdot-}$产生的过氧化氮能够导致 8-羟基-2'-脱氧鸟苷（8-oxodG）的形成以及 8-*N*-鸟苷酸的脱嘌呤作用。8-oxodG 能够导致 DNA 双链复制时错配（即 G C→T A 的碱基颠换），从而造成基因的严重缺失或突变；同时，

8-*N*-鸟苷酸的脱嘌呤作用形成的无嘌呤核苷酸也将潜在地诱导 G C→T A 的碱基颠换作用。因此，通常认为，Cu^{2+}存在时 8-oxodG 的形成以及 8-*N*-鸟苷酸的脱嘌呤作用是 EC 致癌的主要机理。

二、EC 的致癌风险评估

国际癌症研究所（International Agency for Research on Cancer，IARC）把 EC 对人类的致癌毒性归为 2B 群[70]。加利福尼亚环境保护局（California Environment Protection Agency）对 EC 的致癌风险评估进行了研究，用多级多项式线性风险评估模型及药物代谢动力学对啮齿类动物生物分析数据进行分析，得出人类致癌的 EC 摄入量为 1 mg/kg b.w./d（ADI 单位，每日允许摄入量）。据此推测，如果一个人一生中患癌概率为 10^{-5} 的话，则 EC 的摄入量为 0.7 μg /kg b.w./d [60,71]。Schlatter 和 Lutz[65]计算了“真正安全的剂量”，如果人一生中致癌风险为 10^{-6}，每日摄入 EC 的剂量为 20～80 ng /kg b.w.是安全的。人日常饮食摄入 EC 的量大约在 20 ng /kg b.w./d（主要包括面包等，不包括酒精饮料）。据此，一个成年人体重按 60 kg 计算，每日摄入 EC 的量以 80 ng /kg b.w.为安全剂量，则葡萄酒中 EC 含量低于 10 μg/L 是安全的。如果每日饮用 500 mL 佐餐葡萄酒（EC 含量＞30 μg/L），致癌风险增加 5 倍，每天饮用 20～40 mL 核果白兰地，致癌风险接近 10^{-4}。因此，葡萄酒中 EC 含量低于 10 μg/L 是“真正安全的剂量”。

第三节　葡萄酒中 EC 的形成

自从 20 世纪 70 年代在发酵饮料和食品中发现了 EC，许多研究者开始对发酵食品中 EC 形成的机理进行了研究。

早在 20 世纪 60 年代，焦碳酸二乙酯（diethyl pyrocarbonate，DEPC）作为杀菌剂被应用于葡萄酒酿造中，Ough[8,72]报道在葡萄酒酿造过程中，焦碳酸二乙酯和氨能反应生成 EC。

$$O(CO_2C_2H_5)_2 + NH_3 \longrightarrow H_2NCO_2C_2H_5 + CO_2 + C_2H_5OH \quad (1\text{-}4)$$

鉴于此，80 年代末，美国和加拿大等国家禁止在葡萄酒酿造中使用焦碳酸二乙酯。

接着，Ough[72]又报道了氨基甲酰膦酸（carbamyl phosphate）和乙醇反应可以生成 EC。

$$H_2NCO_2PO_3H_2 + C_2H_5OH \longrightarrow H_2NCO_2C_2H_5 + H_3PO_4 \quad (1\text{-}5)$$

但是，一般情况下，葡萄酒酿造中氨基甲酰膦酸是酵母或葡萄酒苹果酸-乳酸菌（malolactic bacteria，MLB）代谢的中间产物，其在葡萄酒中的含量甚微，因此，随着研究的深入，包括 Ough 等许多学者认为，葡萄酒中 EC 的形成与氨基甲酰膦酸关系不大。

近二三十年来，随着对葡萄酒中 EC 形成机理研究的深入，目前普遍认为葡萄酒中 EC 的形成主要与两种前体物质有关，即尿素和瓜氨酸。尿素和瓜氨酸在葡萄汁和葡萄酒中的积累分别是葡萄酒酵母（*Saccharomyces cerevisiae*）和葡萄酒 MLB 对葡萄汁中精氨酸代谢的结果[73-76]。尿素、瓜氨酸和乙醇自发反应生成 EC。

$$H_2NCONH_2 + C_2H_5OH \longrightarrow H_2NCO_2C_2H_5 + NH_3 \tag{1-6}$$

$$H_2NCONH(CH_2)_3CH(NH_2)COOH + C_2H_5OH \longrightarrow H_2NCO_2C_2H_5 + H_2N(CH_2)_3CH(NH_2)COOH \tag{1-7}$$

因此，葡萄酒中 EC 的形成的生物学机理主要与两条途径有关[73,74,76,77]：酵母的尿素循环途径（urea cycle pathway）和 MLB 的精氨酸脱亚氨基酶途径。另外，EC 的形成与葡萄酒酿造时加入的营养剂及储藏温度与时间也有关系。

一、葡萄酒酵母的尿素循环途径

精氨酸是葡萄汁中含量最丰富的氨基酸之一[78,79]，葡萄汁中精氨酸含量过高时，产生的尿素不能被细胞进一步代谢，尿素在细胞内积累到一定量时，酵母就会在发酵期间或发酵结束后将其释放到葡萄酒中。

葡萄酒酵母降解精氨酸是通过尿素循环途径实现的[80-83]，具体途径如图 1-4 所示。

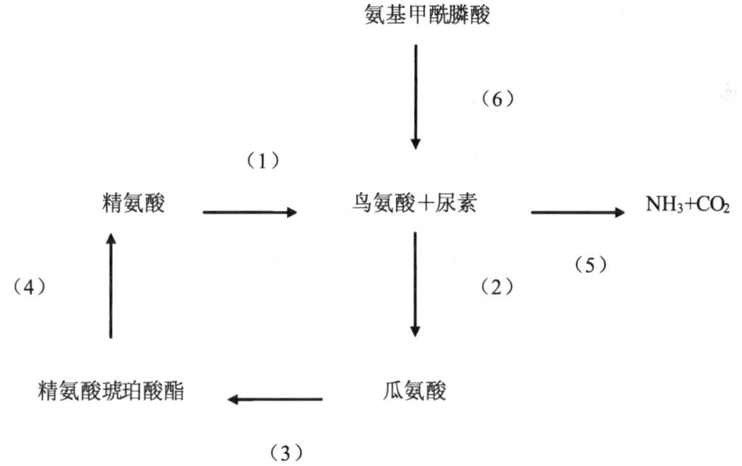

图 1-4　葡萄酒酵母菌的尿素循环途径

（1）精氨酸酶；（2）鸟氨酸转氨甲酰酶；（3）精氨琥珀酸合成酶；（4）精氨琥珀酸裂解酶；（5）脲酶；（6）氨基甲酰膦酸合成酶

Jauniaux 等[80]在酵母细胞质中检测到了与尿素循环途径有关的酶：氨基甲酰膦酸合成酶（carbamyl phosphate synthetase）、鸟氨酸转氨甲酰酶（ornithine carbamyl-transferase）、精氨琥珀酸合成酶（argininosuccinate synthetase）、精氨琥珀酸裂解酶（argininosuccinate lyase）、精氨酸酶（arginase）和鸟氨酸转氨酶（ornithine aminotransferase），并试验证明了酵母代谢产生尿素的关键酶是精氨酸酶，证实了葡萄酒酵母中存在精氨酸代谢途径，而且酵母代谢精氨酸产生尿素。

为了探索葡萄酒中尿素的形成，许多研究者对此途径的酶的基因及其调控进行了研究。研究发现，在葡萄酒酵母中，编码精氨酸酶的基因是 *CAR1*，其调节基因有三个，分别为 *ARGR Ⅰ*、*ARGR Ⅱ*和 *ARGRⅢ*，三种 ARGR 蛋白都位于细胞核中，其合成不受精氨酸的调控[84]。此研究表明了葡萄汁中过量的精氨酸不能抑制酵母对精氨酸的代谢，这会导致葡萄汁中精氨酸含量越高，酵母分泌尿素的量越多。

（一）酵母对精氨酸转运和代谢机理

在葡萄酒酿造过程中，酵母降解精氨酸生成尿素和鸟氨酸（图 1-4）。细胞中的尿素不会立即进行降解，而是根据细胞对氮代谢的调节，或者被释放到酒液中，或者被细胞作为氮源重新吸收利用。Coulon 等[85]研究了在葡萄酒酿造过程中酵母对精氨酸的转运、代谢及尿素分泌的机理，如图 1-5 所示。

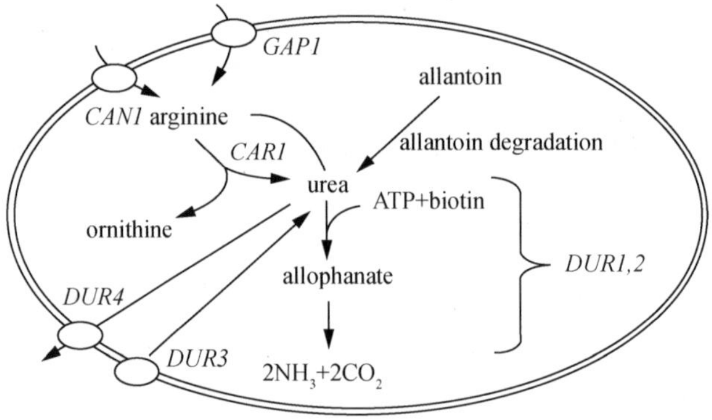

图 1-5 酒精发酵过程中酵母对精氨酸的转运和代谢

arginine—精氨酸；ornithine—鸟氨酸；urea—尿素；allophanate—脲基甲酸酯；allantoin—脲基乙内酰脲（尿囊素）；allantoin degradation—尿囊素降解；biotin—生物素

如图 1-5 所示，在通用氨基酸透性酶（*GAP1*）或精氨酸特异性透性酶（*CAN1*）的作用下，精氨酸转运到 *S.cerevisiae* 细胞内。由基因 *CAR1* 编码的精氨酸酶降解精氨酸生成鸟氨酸和尿素。尿素不会在细胞中积累，其含量的降低可以通过两条途径，一是被进一步降解为氨和 CO_2，二是分泌到酵母细胞外的酒液环境中。*S.cerevisiae* 细胞中有两种尿素转运蛋白，分别为由 *DUR4* 编码的 Dur4p 和由 *DUR3* 编码的 Dur3p。当细胞需要更多的氮源时，Dur3p 被激活，尿素就被细胞重新吸收利用；而当细胞内尿素浓度过高，则在 Dur4p 的作用下把尿素分泌到细胞体外，以降低细胞内尿素的浓度，维持细胞机体的正常运行。尿素的这两条降解途径均是需能过程，并且皆须在由基因 *DUR1,2* 编码的尿素酰胺水解酶（urea amidolyase）的催化下完成[85]。基因 *CAR1* 和 *DUR1，2* 都受葡萄汁中氮代谢抑制（nitrogen catabolite repression，NCR）的调控[86,87]，但这两个基因的表达模式使得在同一条件下只能有一个基因表达[88,89]。葡萄酒中尿素的积累是因为 *DUR1，2* 不能表达或表达的量较少，而 *CAR1* 表达的量较多的缘故。*DUR1，2* 在葡萄酒酵母中合适的表达以使葡萄汁发酵中产生的尿素都被降解成氨和 CO_2。

（二）降低尿素分泌的酵母工程菌的研究

随着对酵母降解精氨酸产生尿素的分子生物学的研究，许多学者试图改变酵母的基因以减少尿素的分泌，并取得了一定的研究成果。

Suizu 等[90]通过破坏 *CAR1* 基因构建不产尿素的清酒酵母，但当时还不能应用于酿酒工业生产中。Kitamoto 等[91]通过连续破坏两个拷贝的 *CAR1* 基因，由双倍染色体的清酒酵母 Kyokai no.9 构建了精氨酸酶缺陷型突变株 *Δcar1/Δcar1*，此突变株用于清酒发酵，有效降低了清酒中 EC 的含量。后来发现精氨酸酶缺陷型突变株 *Δcar1/Δcar1* 用于清酒酿造时，容易被野生酵母菌株（*CAR1/CAR1*）污染。Yoshiuchi 等[92]以含有嗜杀质粒 dsRNA 的单倍体的 *kar1-1* 突变株为供体，利用原生质融合技术和清酒酵母 HL163 进行原生质融合，所得嗜杀酵母有效避免了野生菌（*CAR1/CAR1*）污染的概率，并且此酵母发酵葡萄汁酿造的葡萄酒中尿素含量也非常低。

虽然菌株 *Δcar1/Δcar1* 不能降解精氨酸而产生尿素，但在生产中会不会因为菌株不能充分利用精氨酸作为氮源而影响酒的风味[93]，甚至出现发酵"阻滞"现象[81,94]，还是一个疑问。

基于这些疑问，Coulon 等[85]根据氮代谢抑制原理，利用氮代谢的调节机制，构建了促进 *DUR1,2* 表达的 522^{EC-} 基因工程菌，能有效降低葡萄酒中尿素的含量，从而降低了葡萄酒中 EC 的 89.1%的潜在浓度。

另外，Park 等[95]研究发现，采用抗敏 RNA 技术能抑制 *CAR1* 基因的表达，采用此项技术可以抑制酵母对精氨酸的代谢，从而减少尿素的产生。

总之，近些年来，对产生尿素有关的酵母基因进行改造的研究，无疑对降低酒中 EC 含量有巨大的促进作用，但这些研究还停留在实验室阶段，用于葡萄酒酿造工业可能还有一段距离[96]。

二、葡萄酒 MLB 的精氨酸脱亚氨基酶途径

葡萄酒酿造中，在酒精发酵结束后，一般要进行苹果酸-乳酸发酵（malolactic fermentation，MLF）。MLF 是在 MLB 的作用下，将双羧基的 L-苹果酸脱羧基转变成单羧基的 L-乳酸的过程。MLF 在降低葡萄酒酸度、改善葡萄酒风味和增加葡萄酒微生物稳定性等方面具有重要意义，是生产优质红葡萄酒和部分白葡萄酒必须进行的工艺[97-100]。而 MLB 的精氨酸代谢会导致中间代谢物瓜氨酸的分泌以及对 MLB 降解精氨酸产生瓜氨酸的机理的研究是近十几年来的事情。

（一）MLB 精氨酸代谢途径

1. MLB 精氨酸代谢途径研究概况

直至 20 世纪 90 年代，研究者仍对 MLB 的精氨酸代谢途径存有争议。Kuensch 等提出，酒明串珠菌（*Leuconostoc oenos*，后来经重新分类，定名为 *Oenococcus oeni*）的精氨酸代谢途径是尿素循环途径：精氨酸在精氨酸酶的作用下转化成鸟氨酸和尿素，随后鸟氨酸在鸟氨酸转氨甲酰酶（ornithine transcarbamylase）的作用下转化成瓜氨酸；尿素在脲酶（urease）的作用下生成氨和二氧化碳[74]。但 Liu 等[73,74,101,102]在葡萄酒 MLB 的精氨酸代谢实验中发现，在整个细菌培养过程中并没有检测到尿素，并且在细菌的无细胞抽提物中也没有检测到精氨酸酶和脲酶的活力。因此，可以肯定 MLB 对精氨酸的降解不是尿素循环途径。在实验中，他们也发现，精氨酸经布氏乳杆菌（*Lactobacillus buchneri*）降解后生成的瓜氨酸又被细胞同化，并且随着瓜氨酸含量的降低，鸟氨酸含量上升。这表明，瓜氨酸是鸟氨酸的前体，而不是鸟氨酸的降解物。并且在酒类酒球菌（*Oenococcus oeni*）、*L. buchneri* 等的无细胞抽提物中，检测到了与 MLB 的精氨酸代谢有关的三个关键酶：精氨酸脱亚氨基酶（arginine deiminase，ADI；EC3.5.3.6）、鸟氨酸转氨甲酰酶（ornithine transcarbamylase，OTC; EC2.1.3.3）和氨基甲酰激酶（carbamate kinase，CK；EC2.7.2.2）[73,101]。根据以上实验结果，Liu 等结合其他研究者对发酵乳制品和发酵肉制品等中分离的异型发酵乳酸菌，如奶酪发酵剂乳酸乳球菌（*Lactococcus lactis* subsp. *lactis*）和发酵肉制品中的清酒乳杆菌（*Lactobacillus sake*）的精氨酸代谢途径的研究[103,104]，提出了葡萄酒 MLB 的精氨酸代谢途径，即精氨酸脱亚氨基酶途径（arginine deiminase pathway，简称 ADI 途径）（图 1-6）[105]。

L-精氨酸＋H_2O	$\xrightarrow{ADI}$	L-瓜氨酸＋NH_3	（1）
$\Delta G^{0'}$＝－37 kJ/mol			
L-瓜氨酸＋Pi	$\xrightarrow{OTC}$	氨甲酰磷酸＋L-鸟氨酸	（2）
$\Delta G^{0'}$ ＝＋28.5 kJ/mol			
氨甲酰磷酸＋ADP	$\xrightarrow{CK}$	ATP＋NH_3＋CO_2	（3）
$\Delta G^{0'}$＝－10.8 kJ/mol			

图 1-6　葡萄酒苹果酸-乳酸菌的精氨酸代谢途径

ADI—精氨酸脱亚氨基酶；OTC—鸟氨酸转氨甲酰酶；CK—氨基甲酰激酶；
$\Delta G^{0'}$—Gibbs’自由能变化

按照 ADI 途径，1mol 精氨酸（减去分泌的瓜氨酸）在理论上可以生成 2mol 氨、1mol 鸟氨酸、1 molATP 和 1 mol 二氧化碳，这种化学计量关系在 *O. oeni*、*L. buchneri* 和希氏乳杆菌（*Lactobacillus hilgardii*）等 MLB 的精氨酸代谢中均得到证实[77,106]。同时，该途径也解释了 Kuensch 等提出的 MLB 精氨酸代谢产生的鸟氨酸、氨和二氧化碳的原因。在其他相关研究中也发现了其他 MLB 的精氨酸降解产物中氨、鸟氨酸的相似的化学计量关系。在精氨酸代谢中，除了形成氨和鸟氨酸外，还有少量中间代谢物瓜氨酸分泌到培养基中。Mira de Orduña 等[106-108]研究发现，在一定 pH 下，MLB 分泌瓜氨酸的量和培养基中精氨酸的初始量存在线性回归关系，在 pH3.6 时，*L. buchneri* CUC-3 的线性回归方程为：瓜氨酸分泌率＝－0.003（±0.008）＋0.023（±0.002）×精氨酸降解率，相关系数 r＝0.91，斜率为精氨酸-瓜氨酸转化率。*O. oeni* MCW 和 *O. oeni* Lo111 的精氨酸-瓜氨酸转化率分别为 3.8%±0.1%和 3.9%±0.2%，相关系数均为 0.96。但有趣的是，*L. hilgardii* ATCC8290 在精氨酸降解完后，能对分泌的瓜氨酸重新吸收利用[109]。瓜氨酸的积累和分泌机制目前尚不十分清楚，极有可能是因为 OTC（$\Delta G^{0'}$ ＝＋ 28.5kJ/mol）在热动力学上不利于其催化瓜氨酸的降解，即精氨酸由 ADI 水解形成瓜氨酸（反应 1）速率比 OTC 作用于瓜氨酸形成鸟氨酸和氨基甲酰膦酸（反应 2）的速率快；也有人提出瓜氨酸分泌可能是因为瓜氨酸合成和分解反应之间能量的解偶联作用，特别是细胞生长到稳定期之后，细胞生长逐渐减慢或停止，而培养基中精氨酸过量，精氨酸降解产生的 ATP（反应 3）不被细胞利用而积累，因此抑制了 OTC 的活性。这在对 *S. lactis* 的 ADI 途径中间代谢物 ATP 对 OTC 的抑制作用研究中已得到证实[74]。精氨酸经 ADI 途径降解且分泌瓜氨酸的现象在其他来源的乳酸菌中也有报道[105,110-113]。因此，由 ADI 途径降解精氨酸的微生物具有形成及分泌瓜氨酸的特点。这对葡萄酒酿造具有重大意义，因为分泌的瓜氨酸可以和乙醇自发反应生成氨基甲酸乙酯，而氨基甲酸乙酯是一种具有基因致癌作用的物质。

2. 编码 ADI 途径酶的基因结构及功能

法国的 Zúñiga 等[114]最先对从发酵肉制品中分离出来的 *L. sake* 的编码 ADI 途径酶的基因结构和功能进行了分析。最近，国外许多研究者对葡萄酒 MLB 的编码 ADI 途径酶的基因（编码 ADI、OTC、CK 的基因分别为 *arcA*、*arcB*、*arcC*）进行了克隆、测序和表达研究。其中研究比较清楚的是 *O. oeni*、植物乳杆菌（*Lactobacillus plantarum*）和 *L. hilgardii* 的 *arc* 基因簇，它们和 *L. sake* 的 *arc* 基因簇具有很高的同源性[115,116]：*O. oeni* 的 *arc* 基因簇分别编码 ADI（415aa，47.1kDa）、OTC（351aa，39.8kDa）和 CK（313aa，34kDa）；*L. hilgardii* 的 *arc* 基因簇分别编码 ADI（418aa，47.2kDa）、OTC（343aa，38.3kDa）和 CK（318aa，33.6kDa）；而 *L. sake* 的 *arc* 基因簇分别编码 ADI（409aa，46.0kDa）、OTC（337aa，37.8kDa）和 CK（312aa，33.2kDa）。*L. hilgardii* 的 *arcA* 和 *O. oeni* 的 *arcA* 有 70%的同源性，和 *L. sake* 的 *arcA* 有 66%的同源性；*L. hilgardii* 的 *arcB* 与 *O. oeni* 的 *arcB* 有 77%的同源性；*L. hilgardii* 的 *arcC* 和 *O. oeni* 及 *L. sake* 的 *arcC* 同源性分别为 68%和 64%。*L. plantarum* 和 *L. hilgardii* 的 *arcC* 的同源性大约为 76.5%，*L. plantarum* 和 *O. oeni* 的 *arcC* 的同源性大约为 63%。序列分析表明，编码 ADI 途径酶的基因组都是成簇存在的，其顺序为 *arcA*、*arcB*、*arcC*。Northern blot 研究证明了这 3 个基因在同一操纵子结构中，分别是 3 个完整的开放阅读框（open reading frame，ORF）。在 *L. hilgardii* 的 *arcABC* 基因簇中，只有一个启动子，位于第一个 ORF 的上游，转录起始位点在−10 保守序列的 11 个核苷酸内，每个基因的上游都有典型的核糖体结合位点；在第三个 ORF 的终止密码子处有转录终止子。

虽然 *L. sake*、*O. oeni* 和 *L. hilgardii* 等的 *arc* 基因簇存在于同一操纵子结构中，但它们所含的基因数并不完全相同。*O. oeni* 具有转录调节因子家族受体蛋白（cAMP receptor protein，CRP）的基因 *orf229*[115]。*orf229* 和 *arcA* 之间碱基长度为 101bp；在 *O. oeni* 的 *arcC* 基因下游有编码精氨酸转运蛋白的基因 *arcD*。在 *L. hilgardii* 中则没有发现 *arcD* 基因，但其 *arcA* 的上游有 *orf229* 基因的 ORF。*L. sake* 中有编码转氨酶的 *arcT* 基因[114]，但在 *O. oeni* 和 *L. hilgardii* 中则没有此基因。*O. oeni* 和 *L. hilgardii* 的 *arc* 基因在大肠杆菌中进行了表达，ADI、OTC 和 CK 的酶活性都相当高。利用 *arc* 基因簇的简并引物合成的特异性标记探针与 MLB 的基因进行杂交，检测到 *arc* 基因簇的菌株能降解精氨酸，而缺少 *arc* 基因簇的菌株不能降解精氨酸[111,115]，这就从分子角度进一步证实了“MLB 的精氨酸代谢途径”是 Liu 等提出的 ADI 途径，而不是尿素循环途径。

（二）精氨酸转运机制

1. ADI 途径中的精氨酸-鸟氨酸反向转运能量机制

精氨酸只有从胞外转运到胞内后，才能在 ADI 途径酶的作用下进行降解。MLB 对精氨酸的转运是通过精氨酸-鸟氨酸反向转运机制实现的，精氨酸的跨膜运输不消耗能量，但精氨酸-鸟氨酸反向转运的启动则需要能量[77,101,117]。

对从鱼中分离出来的 *L. plantarum* 和从乳品中分离的 *L. buchneri* 的精氨酸代谢研究发现，在不加可发酵性糖的合成培养基中，不能通过 ADI 途径来促进细菌生长[101]。在 *O. oeni* OENI 和 *L. buchneri* CUC-3 的精氨酸代谢研究中也发现了类似的现象[74]：只有培养基中含有一定量的葡萄糖时，细菌才能进行精氨酸代谢而产生鸟氨酸、瓜氨酸和氨。因此，推测只有在可发酵性糖提供能量的情况下，细菌细胞才可启动精氨酸-鸟氨酸反向转运机制，细胞才能吸收精氨酸。一旦细胞启动了精氨酸-鸟氨酸反向转运机制，以后的精氨酸跨膜运输则不需要额外的能量。精氨酸-鸟氨酸反向转运的驱动力是由精氨酸-鸟氨酸的浓度梯度提供的，这与其特异的透性酶有关[117]。这是精氨酸代谢对环境适应性和细菌生长的积极效应。

2. 编码精氨酸-鸟氨酸反向转运蛋白相关基因研究

精氨酸从胞外向胞内运输是在精氨酸-鸟氨酸反向转运蛋白的作用下进行的。Divol 等[115]首先对 *O. oeni* 编码精氨酸转运蛋白（ArcD）的 *arcD* 基因进行了分子克隆和表达。研究表明，*O. oeni* 有编码 ArcD 蛋白的两个 *arcD* 位点（$arcD_1$ 和 $arcD_2$）。$arcD_2$ 基因的 ORF 为 1395bp，编码 464 个氨基酸残基，分子质量为 51kDa。*O. oeni* 的 $ArcD_2$ 氨基酸序列和 *L. sake* 的 ArcD 蛋白有很高的同源性（44%相同性、60%相似性）。利用 PRED-TMR_2 程序序列分析发现，此蛋白有 14 个跨膜区。$arcD_1$ 基因的 ORF 为 1428bp，编码 475 个氨基酸残基，分子质量为 52kDa。$arcD_1$ 位于 $arcD_2$ 起始密码子上游区，和地衣芽孢杆菌（*Bacillus licheniformis*）的 *arcD* 的氨基酸序列有同源性（56%相同性，74%相似性）。用 PRED-TMR_2 程序序列分析发现 $ArcD_1$ 有 12 个跨膜区。此两个基因位点的基因簇结构为 $arcABCD_1D_2$。每个 *arcD* 基因上游都有典型的核糖体结合位点。在 $arcD_1$ 和 $arcD_2$ 起始密码子上游没有发现精氨酸阻遏或类似 CRP 蛋白结合位点。用 RT-PCR 技术对 *arcD* 基因的表达进行了研究，表明在 *O. oeni* 中 $arcD_1$ 和 $arcD_2$ 是组成型表达，且发现了 $arcC$-$arcD_2$、$arcD_1$-$arcD_2$ 的多顺反子 mRNA，在 $arcD_1$-$arcD_2$ 之间有发夹结构，所以 $arcC$-$arcD_1$ 的 mRNA 量比 $arcD_1$-$arcD_2$ 的量多，它们的转录不受精氨酸的调控。Arena[118]在

L. hilgardii X_1B 的基因中也克隆出了 *arcD* 基因，但该基因只有一个位点，而不是两个。在 MLB 整个生长期 ArcD 蛋白都存在于膜上，这有利于精氨酸的吸收，使 *O. oeni* 更适应于葡萄酒的胁迫环境[97,119,120]。

（三）精氨酸代谢和酶合成的调节

研究发现，MLF 结束后，*O. oeni*、*L. buchneri* 和 *L. hilgardii* 等对果糖和精氨酸的代谢并不是同时进行的。果糖耗完后，MLB 才开始降解精氨酸。这表明果糖或其代谢产物抑制了精氨酸吸收或降解[74,101,111]。也有研究表明，增加培养基中葡萄糖的浓度，瓜氨酸的分泌量增加[107]。这说明糖代谢对精氨酸降解有抑制作用，极有可能是糖发酵产生的 ATP 抑制了 OTC 的作用。在 *L. sake*[121]和 *Lactococcus lactis* subsp. *lactis* ML3[122]的精氨酸代谢中也发现了糖对 ADI 途径酶的抑制作用。糖对 ADI 途径酶的抑制机理目前尚不十分清楚。因为 *arc* 操纵子的代谢抑制受 *arcA* 上游的 CRE 元件控制，碳代谢抑制需要 CcpA 蛋白和磷酸烯醇式丙酮酸磷酸转移酶系（phosphoenol pyruvate phosphotransferase system，PTS），通过建立 *L. sake* 的 *ptsI* 突变体，证实了 *L. sake* 的精氨酸代谢受葡萄糖的抑制。

在 MLB 中，ADI 途径酶同时被精氨酸诱导，*O. oeni*、*L. buchneri* 和 *L. hilgardii* 中都发现了精氨酸对 ADI 途径酶的共诱导作用[74,76,106,123]。Tonon 等[123]在利用 RT-PCR 技术研究 *O. oeni* 的 ADI 途径酶的转录诱导时发现，当培养基中缺乏精氨酸时，几乎检测不到 ADI、CK 的活性；当培养基中加入精氨酸后，酶活性大幅度提高，其中 OTC 酶活性增加了 184 倍。研究同时发现，调节蛋白 CRP 也受精氨酸的诱导。在 *L. hilgardii* 中也有类似的现象。这说明精氨酸可诱导 ADI 途径酶的合成。

精氨酸代谢操纵子调控的分子机理目前还不十分清楚。在 *O. oeni* 的 *arc* 基因簇中发现有编码 CRP 的基因 *orf* 229[123]，有点类似于乳糖操纵子的调节基因；但葡萄糖和精氨酸对操纵子调控的细节，还需进一步研究。

葡萄酒是一种复杂的培养基，其组成和环境条件（如糖、SO_2、pH、乙醇等）如何协同影响 ADI 酶的合成与表达，还有待于进一步研究。

总结以上分析，MLB 的精氨酸代谢会导致瓜氨酸的分泌，而瓜氨酸是 EC 的前体，所以 MLB 的精氨酸代谢会使葡萄酒中 EC 含量增加，降低了葡萄酒的饮用安全性。

三、其他途径

一些葡萄酒生产商在装瓶时检测 EC 和尿素都为阴性，但经储藏和运输环节后，酒中 EC 含量超过 100 μg/L。Muller 和 Fugelsang[124]发现，葡萄酒酿造中，双乙酰和尿素反应生成的 3a,6a-二甲基甘脲（3a,6a-dimethylglycoluril，DMGU）也是 EC 的前体物质。随后，Muller 等研究了模式溶液［乙醇含量 12%（体积分数），pH 为 3.4］、红葡萄酒和白葡萄酒中由 DMGU 产生的 EC 的情况，见表 1-3。

表 1-3　加入 DMGU 后真实和潜在（71℃加热 48h）EC 含量

酒 样	DMGU		EC	
	质量浓度/（mg/L）	摩尔浓度/（mmol/L）	真实含量/（μg/L）	潜在含量/（μg/L）
模式溶液	5	29.4	<2	119
模式溶液	0	0	3	<2
干白葡萄酒	5	29.4	<2	136
干白葡萄酒	0	0	<2	68
干红葡萄酒	5	29.4	4	127
干红葡萄酒	0	0	3	31

从表中可以看出，葡萄酒中 EC 浓度和 DMGU 的量有关。Muller 进一步研究发现，DMGU 和乙醇反应生成 EC 主要发生在装瓶后，且储藏条件下能加速 EC 的形成。因此，双乙酰和尿素反应生成 DMGU 是葡萄酒中 EC 产生的另一条途径。

第四节　影响葡萄酒中 EC 含量的因素

一、葡萄汁中精氨酸的含量

葡萄酒中 EC 的形成主要和葡萄汁中精氨酸浓度有关[125-127]。Gu[128]和 Soufleros[129]等研究了葡萄品种中砧木、修剪、灌溉及土壤施肥等对葡萄汁精氨酸浓度及葡萄酒中 EC 浓度及潜在浓度的影响，结果表明，葡萄栽培管理方法对葡萄汁中精氨酸浓度有很大影响，尤其重要的是，葡萄汁精氨酸浓度与葡萄酒中 EC 的含量存在很大的相关性。因此，要降低葡萄酒中 EC 含量，降低葡萄汁中精氨酸含量极其重要。

（一）葡萄园施肥

葡萄园的氮肥对葡萄浆果和葡萄汁中氮的含量产生直接的影响。Spayd 等[130-132]的研究表明，随着氮肥施用量的增加，葡萄叶柄部的硝基氮含量增加，并且葡萄汁中精氨酸的含量与施加氮肥的量成正比。把收获的葡萄酿酒，葡萄酒中尿素的含量与施加氮肥的量也成正比。但对酵母营养来说，葡萄汁中氮量不足，不应通过葡萄园施加氮肥途径弥补。一般情况下，如果精氨酸含量超过 1000 mg/L，就可以认为葡萄园施肥过量[133]。

（二）地面覆盖作物

葡萄酒中用豆科植物作为地面覆盖作物时，可明显增加葡萄果实中氮的含量。豆科植物，如 vetches（*Vichia* ssp.）、clover（*Trifolium* ssp.）和 pea（*Pisum* ssp.）等作为葡萄园的地面覆盖作物时，会使葡萄藤中氮的含量特别高（clover 的组织含有 2.5%的氮，vetches 的组织含有约 4%的氮），葡萄藤中氮含量与葡萄汁中精氨酸含量有很大相关性。因此如果葡萄园用豆科植物做覆盖物，就应该对土壤和葡萄藤中氮的含量进行特别检测，以避免葡萄汁中精氨酸含量过高[125]。

（三）葡萄栽培品种和砧木

Huang 和 Ough[78]研究了葡萄园位置、葡萄品种及砧木对葡萄汁中氨基酸含量的影响。结果表明，葡萄品种不同，对氮的吸收情况也不同。低氮品种主要与其植株根系的特性有关，使用不同的砧木，其含氮量会发生变化。Gu [128]研究发现，砧木 1103Paulsen 和 Freedom 产生的叶柄硝基氮含量最高，砧木 USD-ARS 最少，并且，根据所用砧木幼芽的不同，硝基氮含量变化达 12 倍。叶柄硝基氮含量增加，会导致葡萄汁中精氨酸含量增加。因此，砧木对葡萄园的氮含量和施肥管理有着极其重要的影响。

另外，葡萄汁的含氮量与葡萄园的位置、土壤、灌溉、葡萄收获时的天气以及葡萄成熟度等也有关。

二、葡萄汁营养添加剂

在酒精发酵过程中，因酵母生长繁殖的需要，葡萄汁中应含有一定量的含氮化合物，否则，就会造成酵母发酵中途终止。研究表明，发酵时加入磷酸氢二铵能明显加快发酵速率，防止发酵“阻滞”现象[134,135]。为避免发酵的延迟和阻滞，美国酒精、烟草和火器管理局（Bureau of Alcohol，Tobacco and Firearms，BATF）允许向氮不足的葡萄汁中加入 960mg/L 的磷酸氢二铵（即每升 200 mg 氮）。然而，Virginia 等[136]研究表明，磷酸氢二铵对酵母菌株 VIN13 的 350 个与发酵有关的基因的表达有调控作用，其中编码小分子转运和氮代谢的酶的 185 个下游调控基因与尿素的产生有关，过量的磷酸氢二铵会导致尿素的形成，并被酵母分泌到葡萄酒中。因此，他认为添加过量的磷酸氢二铵也是导致形成 EC 的一个因素。但 Inglis[137]研究酵母发酵时加入磷酸氢二铵和产生 EC 的关系时发现，Montrachet 菌株产生 EC 的量和加入磷酸氢二铵的时间有关，Northern 分析表明，在加入磷酸氢二铵后，Montrachet 菌株的 *CAR1* 基因表达量降低，发酵时磷酸氢二铵加入得越早，EC 产生的量越少。而 EC1118 菌株产生 EC 的量和磷酸氢二铵的加入没有关系。因此，酵母酒精发酵时加入磷酸氢二铵能否导致 EC 的增加，磷酸氢二铵能否用作酵母的营养添加剂，也是有待研究的课题。

三、带酒脚陈酿

在白葡萄酒酿造工艺中，为了使葡萄酒风味特征更突出，一般在发酵结束以后带酒脚陈酿。在储藏的第一周内，含氮化合物（氨基酸和蛋白质）就从酵母细胞中快速分泌出来；随后，由于酵母的自溶，在储藏期间含氮化合物会逐渐从细胞中释放出来[135,138]。

据报道，氨基酸含量低的葡萄酿造的葡萄酒，延长与酵母泥的接触时间，EC的含量并没有增加，并且在陈酿期间，也没有其他的 EC 前体从酵母中释放[139]。因此，如果葡萄汁中含氮量低，即使延长酵母泥的接触时间也不会增加 EC 的潜在性，反之亦然。

Mauricio 等[140]的研究表明，在带酒脚陈酿过程中，尿素的积累具有菌株特异性，并且和陈酿期间的通风状态也有关系，如果陈酿期间处于通风状态，尿素大部分被降解，而不会形成尿素的积累。

四、运输和储存中温度的影响

加拿大安大略省酒类管制局（the Liquor Control Board of Ontario，LCBO）发现，在夏季运输葡萄酒，常使葡萄酒中 EC 含量比运输前高。Ingledew 等研究发现，在刚酿造的新酒中，即使尿素的浓度很高，EC 含量并不高，但储存条件和时间会影响酒中 EC 的最终浓度[141]。接着，Stevens 和 Ough[142]研究了不同储存温度（13.1～23.9℃）下尿素（1～10 mg/L）和乙醇（12%，体积分数）反应生成 EC 的关系。结果表明，在 13.3℃、18.6℃和 23.9℃温度条件下，每毫克尿素每天生成 EC 的量为 0.0004 μg、0.0017 μg 和 0.0061μg。因此，Kodama 等[143]建议佐餐葡萄酒中尿素含量最好不要超过 2 mg/L，否则，酒中 EC 的潜在浓度就有可能超过美国的非强制性限量标准 15 μg/L。后来，Hasnip 等[144]对三年试验的数据的分析证明 EC 的形成与酒中尿素和瓜氨酸的浓度呈线性比例关系，同时证明随着温度的升高，尿素和乙醇的化学反应呈指数增长。总之，温度是影响酒中前体物质（尿素和瓜氨酸等）和乙醇反应速度的重要因素。因此，尿素含量高的酒不能在高温下储存和运输。

第五节　降低葡萄酒中 EC 含量的措施

根据 EC 形成途径及影响 EC 形成因素的分析，降低葡萄酒中 EC 含量的措施有以下几方面。

一、葡萄园管理

葡萄园中尽量避免过量施加氮肥，并且对葡萄园土壤及葡萄藤含氮量进行检测，以适时调整对葡萄园的施肥管理。如果葡萄园土壤含氮量已经较高时，冬天不要用豆科植物作为覆盖物。葡萄栽培时，应选择已知特性的葡萄藤中氮含量低的砧木。葡萄园管理是降低葡萄汁中精氨酸含量的最关键措施。

二、酵母菌株的选育

酵母分泌的尿素是葡萄酒中 EC 的主要前体物质之一，葡萄酒酵母代谢精氨酸以及尿素的分泌具有菌株特异性[145-148]，An 和 Ough[147]研究了八株酵母菌降解精氨酸产生尿素的情况，其中 Lalvin 71B 发酵的酒中没有尿素的积累，而其他七株酵母菌发酵的酒液中都有不同程度的尿素的积累。

构建酵母工程菌也是降低尿素分泌的措施之一，但是由于所构建基因在葡萄酒环境中还不能充分表达，因此选育不分泌尿素或分泌尿素量低的酵母菌株，特别是选育精氨酸酶活力低或用分子育种手段选育精氨酸酶缺陷型酵母菌株，是降低葡萄酒中 EC 含量的主要措施之一。

三、MLB 的选育

MLB 的精氨酸代谢及瓜氨酸分泌也具有菌株特异性[73,77,101,116,149]，在进行葡萄酒 MLB 降酸时，应选择没有精氨酸代谢或代谢中没有瓜氨酸分泌的菌株，也就是说，$ADI^{+}OTC^{-}$或 ADI 酶活高、OTC 活力低的菌株不能用于生产，以尽量降低葡萄酒中 EC 的含量。另外构建 ADI^{-} 的 MLB 用于苹果酸-乳酸发酵，是降低葡萄酒中的又一有效措施。法国和阿根廷已经完成 *O. oeni* 和 *L. hilgardii* 的 *arc* 簇基因全序列测序（Accession Nos.分别为 AF025543 和 AJ421514）（http://www.ncbi.nlm.nih.gov），这将为抑制 MLB 的精氨酸代谢研究提供更多的信息。

四、酿造工艺

葡萄酒酿造过程中，EC 的形成与酿造工艺也有很大关系。Ough 等[145]的研究表明酵母在高温下发酵，尿素分泌量增加。另外，发酵结束后尿素在酒液中的积累与陈酿通氧情况有关，在厌氧条件下发酵，尿素的积累量较多，而在有氧及半厌氧条件下，尿素的积累量较少[135,150,151]。Jussier 等[152]研究了同时接种酵母和苹果酸-乳酸菌的葡萄酒酿造工艺，发现发酵结束后酒中尿素含量很低。

因此，葡萄酒酿造时了解酵母发酵分泌尿素的特性，选择合理的酿造工艺，不要向葡萄汁中添加过量的含氮营养剂，葡萄酒的陈酿和储藏运输尽量在低温下进行等，也是控制 EC 生成的措施之一。

五、使用酸性脲酶

Ough 和 Trioli[133]把发酵乳杆菌（*Lactobacillus fermentum*）的死细胞加入葡萄酒中，在 *L. fermentum* 的脲酶的作用下，酒中尿素的含量和 EC 的潜在浓度均有降低，但由于脲酶在酸性条件下活性受到抑制，它并不能有效分解酒中的尿素。接着，Trioli 和 Ough[153]及 Fujinawa 等[154,155]对抑制酸性脲酶活性的因素进行了研究。结果表明，在葡萄酒环境中，抑制酸性脲酶活性最主要的成分是 L-苹果酸，其次是 L-乳酸、乙酸、丙酮酸和α-酮戊二酸，另外，Fe^{2+}、Ca^{2+}、PO_4^{3-}、SO_2和酚类化合物也对酸性脲酶有抑制作用。尽管如此，酸性脲酶能在不同程度下降低酒中尿素的含量。

为了降低葡萄酒中 EC 的含量，国际葡萄与葡萄酒组织（OIV）允许使用发酵乳杆菌（*Lactobacillus fermentum*）发酵生产的酸性脲酶降低葡萄酒中尿素的含量（OIV，Resolution Oeno 2/95）。为了解决酸性脲酶在葡萄酒环境中受抑制的问题，Zietsman 等[156]把 *L. fermentum* 的脲酶基因整合到葡萄酒酵母中，获得重组脲酶基因。此基因在酵母中表达，产生的脲酶可把细胞产生的尿素分解成氨气和二氧化碳。但此酶的最适作用 pH 在 7 左右，在酒的酸性环境中，此酶活性仍极低。因此，含有重组脲酶基因的葡萄酒酵母在葡萄酒酿造中的应用有待进一步研究。

第六节　我国对酒精饮料中 EC 含量研究进展

我国学者于 90 年代初已对酒精饮料中的 EC 含量给予了重视[3,11,69,157-159]。Li 等[160]已分离筛选出了具有我国知识产权的优良的 *O. oeni* 菌株，对其进一步的研究发现，MLF 后的葡萄酒中精氨酸含量仍然很高（6～10 mg/L）[161]，这无疑增加了 *O. oeni* 经 ADI 途径产生 EC 的可能性。因此，对我国葡萄酒中 EC 含量进行研究已是迫在眉睫。

虽然目前国内尚未对各种酒中的 EC 含量做出限量规定，但随着我国人民生活水平的不断提高，酒饮料的消费量日趋上升，对各种酒中 EC 的研究将会越来越受到重视，制定酒精饮料中 EC 限量标准势在必行。

第七节　研 究 方 法

一、研究葡萄酒中氨基甲酸乙酯的意义

国际癌症研究所已经证实 EC 为致癌物，OIV 规定了葡萄酒中 EC 检测的标准方法。加拿大、美国和英国等国家对包括葡萄酒在内的发酵饮料中 EC 含量进行

了调查，并根据调查结果，采取有效措施降低发酵饮料中的 EC 含量。近年来，我国葡萄酒的产量和消费量都保持了强劲的增长势头，随着我国葡萄酒消费量的增加及葡萄酒进出口的需要，我国对葡萄酒中 EC 的研究越来越重视。但目前，我国还没有对包括葡萄酒在内的发酵饮料和食品中 EC 含量进行限定的标准和法规。

对葡萄酒中氨基甲酸乙酯研究的目的在于：①通过对葡萄酒样品预处理方法的比较，建立省时快捷、经济、环保的检测葡萄酒中 EC 含量检测的标准方法；②对我国干红、干白葡萄酒中 EC 含量进行抽样调查，根据调查结果，参照其他国家标准的内容，对我国葡萄酒中 EC 含量的限定标准进行研究，制定出适合我国葡萄酒生产特点的统一的葡萄酒中 EC 含量的限量标准，合理设置葡萄酒贸易技术壁垒；③分析影响我国葡萄酒中 EC 含量的相关因素，建立葡萄汁中精氨酸含量的快速、简便检测方法，探索我国葡萄酒中 EC 产生的原因。

葡萄酒中氨基甲酸乙酯研究的意义即充分利用世界贸易组织技术壁垒协定（WTO/TBT 和 SPS）中有关技术法规、标准等，建立我国葡萄酒中 EC 的限量标准，合理设置葡萄酒贸易技术壁垒，保护国内市场，控制国外 EC 含量高的葡萄酒进入我国市场，抵御或缓解国际葡萄酒市场对我国的冲击和挑战，保护我国葡萄酒消费者的利益及我国葡萄酒行业。

二、研究方法

（1）对 LLE、SPME、SPE 及 SLE 四种 EC 萃取的前处理方法分别进行参数优化及准确度和精密度试验，根据试验结果，结合 GC/MS 检测确定葡萄酒中 EC 含量检测的标准方法。

（2）对我国葡萄酒中 EC 含量进行调查，并对调查结果进行分析，制定我国葡萄酒中 EC 含量的限量指标建议值。

（3）对葡萄酒中 EC 的质量控制进行初步探索。建立葡萄汁中尿素和精氨酸含量检测的快速、简便的检测方法，对不同品种、不同产地的成熟葡萄进行葡萄汁中尿素和精氨酸含量检测，初步探索葡萄汁中尿素和精氨酸含量与葡萄酒中 EC 含量的关系。

总之，加强我国葡萄酒中 EC 的研究，对我国葡萄酒中 EC 含量进行分析，制定我国葡萄酒中 EC 的限量标准，填补我国葡萄酒行业对葡萄酒中 EC 含量无标准限定的空白，合理设置葡萄酒贸易技术壁垒，保护国内市场，抵御或缓解国际葡萄酒市场对我国的冲击和挑战，并在我国葡萄酒行业建立良好的控制葡萄酒中 EC 含量的生产秩序，保护我国葡萄酒消费者利益及我国葡萄酒行业，这些工作有着十分重要的理论和实践意义。

第二章　LLE 结合 GC/MS 法测定葡萄酒中 EC 含量

直至目前，液/液萃取（liquid/liquid extraction，LLE）仍是常用的样品前处理方法。尽管它存在产生乳化现象、有机溶剂消耗量大等缺点，但该萃取方法具有操作简单、不需要特殊设备的优点。为了建立葡萄酒中 EC 含量的标准检测方法，对此萃取方法进行萃取工艺参数优化、寻找最高回收率、与其他萃取方法进行比较，也是本研究重要的内容之一。

本章以氨基甲酸丙酯（n-propyl carbamate，nPC）为内标，主要对液/液萃取时 KCl 的加入量、待测溶液的 pH 及二氯甲烷的用量等参数进行了优化，以建立 EC 萃取最佳工艺条件。

第一节　研究方法概述

一、仪器与设备

GC/MS：Thermo Trace GC ultra-DSQ，美国 Finnigam 公司。

旋转蒸发仪（SENCO W201）：上海申生科技有限公司。

二、试剂

EC 标准品：Sigma-Aldrich 公司，CAS 51-79-6，纯度＞99%。

nPC 内标：Sigma 公司；纯度＞98%。

丙酮：天津市科密欧化学试剂开发中心，色谱纯。

二氯甲烷：天津市博迪化工有限公司，分析纯。

氯化钾：天津市博迪化工有限公司，分析纯。

酒石酸：中国派尼化学试剂厂，分析纯。

氢氧化钠：中国派尼化学试剂厂，分析纯。

三、试验方法

（一）标准溶液的配制

1．EC 标准溶液[10]

母液：1.00 mg/mL，将 100 mg 的 EC 用丙酮溶解，以 100 mL 容量瓶定容。

标准溶液：10.0 μg/ mL，将 1.0 mL EC 母液加入 100 mL 容量瓶中，用丙酮稀释至刻度。

2. PC 标准溶液[10]

母液：1.00 mg/mL，将 100 mg 的 PC 用丙酮溶解，以 100 mL 容量瓶定容。

标准溶液：10.0 μg/ mL，将 1 mL PC 母液加入 100 mL 容量瓶中，用丙酮稀释至刻度。

（二）PC 内标溶液[10]

800 ng/ mL，将 8 mL PC 标准溶液加入 100 mL 容量瓶中，用蒸馏水稀释至刻度。

（三）校正标准曲线的绘制

校正标准溶液的配制：用蒸馏水将配制的 EC 标准溶液和 PC 标准溶液进行稀释，得到以下浓度的 EC-nPC 校正溶液：（200 ng EC＋800 ng PC）/mL、（400 ng EC＋800 ng PC）/mL、（800 ng EC＋800ng PC）/mL 和（1600 ng EC＋800 ng PC）/mL。

校正标准曲线的绘制：准确吸取各浓度的校正标准溶液 1 mL，置于 250 mL 小烧杯中，加入 9 mL 蒸馏水和 5g KCl，充分搅拌，用 3×100 mL 的二氯甲烷萃取（二氯甲烷每次用量 100 mL，萃取 3 次），合并有机相，用无水 Na_2SO_4 脱水，然后用 5 mL 的二氯甲烷冲洗无水 Na_2SO_4，并入有机相，在 30℃下旋转蒸发浓缩，浓缩至大约 4 mL，用 2 mL 二氯甲烷冲洗圆底烧瓶，共 6 mL 浓缩液，转入 KD 瓶中，继续在 30℃下旋转蒸发，浓缩至 1.0 mL，转至离心管中进行 GC/MS 定量分析。对 EC-nPC 的峰面积比值和 EC 的浓度绘制标准曲线示意图，并计算出标准曲线回归方程。

（四）葡萄酒样品的萃取

用二氯甲烷进行液/液萃取葡萄酒样时，容易出现乳化现象，预试验中采用转速为 4000r/min，常温离心 30 min，不能消除乳化现象。实验过程中采用以下方法可以有效消除乳化现象。

（1）准确量取 20 mL 葡萄酒样和 1 mL PC 内标溶液，置入 250 mL 烧杯中，加入 KCl 和 20 mL 蒸馏水，超声溶解 5 min，将烧杯中溶液转入分液漏斗中，加入规定量的二氯甲烷，充分混合均匀。静置，分液漏斗中两相分层后，下层有机相乳化现象严重，把有机相放至另一干净分液漏斗中，静置，分液漏斗中重新分层，上层为深色乳化现象严重的有机相，下层为澄清透明有机相，下层有机相从分液漏斗中放出，经无水 Na_2SO_4 过滤，置于蒸馏烧瓶中。

（2）合并（1）中两个分液漏斗中水相和乳化有机相，加入规定量的二氯甲烷，重复（1）的操作，收集澄清有机相。

（3）重复（1）和（2）的操作，合并有机相于蒸馏烧瓶中，对有机相进行浓缩和 GC/MS 分析。

试验用葡萄酒样品 2#和 5#为干白葡萄酒，1#、3#、4#和 6#为干红葡萄酒。

（五）GC/MS 条件

色谱条件：DB-WAX 毛细管色谱柱 30 m×0.25 mm×0.25 μm，进样口温度 190℃，柱温程序：初温 40℃，保持 2 min，然后以 10℃/min 升至 180℃，保持 0.5 min，再以 50℃/min 的速度升至 220℃，保持 4 min。载气为高纯氦气，流速为 1.0 mL/min，不分流进样，进样量为 1.0 μL。

质谱条件：离子源温度为 220℃；电子能量为 70 eV；接口温度为 220℃；电子倍增电压为 1568 V；检测离子 *m/z* 62、*m/z* 74、*m/z* 89，定量离子 *m/z* 62。溶剂延迟 10 min。

（六）EC 回收率的测定[34]

用二氯甲烷对葡萄酒进行液/液萃取时乳化现象严重，因此不能用 EC 的模式溶液进行参数优化。本试验以 EC 回收率为指标对各参数进行优化。

按照“（四）葡萄酒样品的萃取”，检测葡萄酒样品中 EC 的含量，然后向酒样中加入 50 μg/L 的 EC 标准品，检测加标后的葡萄酒样品中的 EC 含量，根据两个测定值，计算葡萄酒样品中 EC 的回收率。

四、数据处理

采用 DPSv7.55 数据处理软件对实验数据的方差显著性进行分析。

第二节 校正标准曲线的绘制

按照第一节中标准曲线的绘制，对系列校正标准溶液进行萃取，以 GC/MS 定量分析得到校正标准曲线：

$$y=0.4762x+0.0178 \tag{2-1}$$

校正标准曲线的决定系数 $R^2=0.9827$。

第三节 KCl 用量对 EC 回收率的影响

据文献报道，向待测样品中加入 KCl 可以减弱 LLE 方法的乳化作用，因此 KCl 用量对 EC 回收率有一定的影响。待测样品的 pH 为自然 pH，二氯甲烷用量为 3×100 mL，考察待测液中 KCl 的浓度为 0、30%、40%、50%和 60%时对 EC 的回收率的影响（图 2-1）。

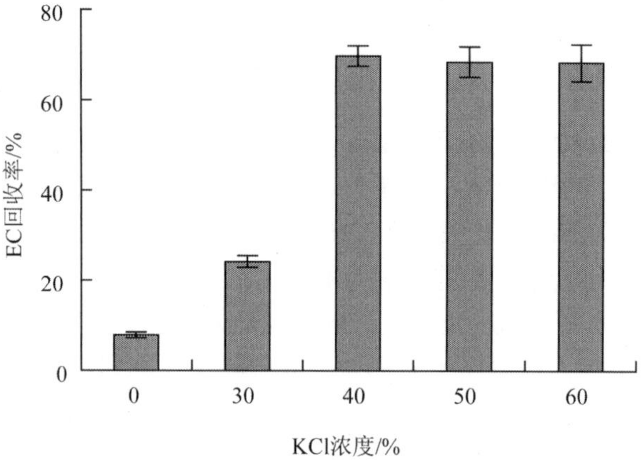

图 2-1　KCl 浓度对 EC 回收率的影响（$n=3$）

由图 2-1 可以看出，随着 KCl 浓度的增加，EC 的回收率逐渐增加。如果不向待测酒样中加入 KCl，EC 的回收率只有 7.84%左右，而待测液中 KCl 的浓度增加至 40%时，EC 的回收率迅速增加至 69.82%，但随着 KCl 浓度的继续增加，EC 的回收率不再增加，并且有缓慢的下降趋势。一般情况下，KCl 在水中的饱和浓度为 35%左右（25℃），由此可知，待测液中 KCl 的浓度达到饱和浓度可以提高 EC 的回收率。与 Woo 等[34]用三氯甲烷萃取韩国米酒中 EC 时，加入 KCl 后，EC 回收率提高了 50%左右的结果基本一致。

加入盐溶液可以提高 LLE 方法的回收率，这可能是因为，EC 在水中的溶解度较高，大约为 2 g/mL（25℃），而在有机溶剂中的溶解度略低于在水中的溶解度。加入 KCl 后，由于盐析作用，溶液的离子强度增加，EC 在水相中溶解度降低，从而增加了其在有机相中的溶解度。但盐的浓度过高，由于盐的固体颗粒等的影响，EC 的回收率反而稍有下降。因此，盐的加入量以达到稍微过饱和即可。本试验 20 mL 酒样稀释 2 倍选择加入 KCl 的量为 16 g（浓度为 40%）为最佳。

第四节　pH 对 EC 回收率的影响

按照方法中葡萄酒样品的萃取，考察酒样 pH 为 3.0～11.0 时分别对 EC 回收率的影响（图 2-2）。酒样萃取时加入 16 g KCl，二氯甲烷用量暂定为 3×100 mL。

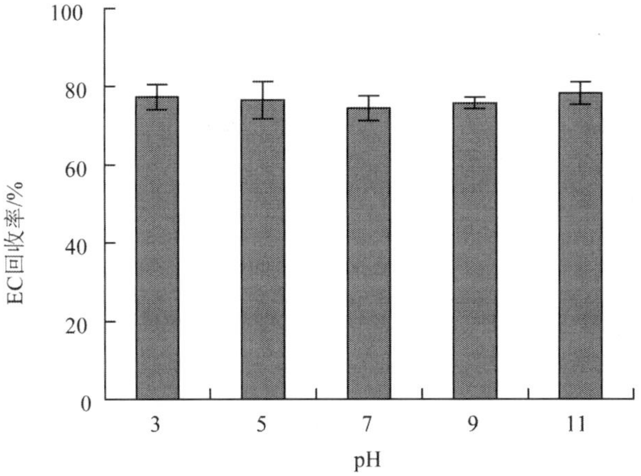

图 2-2 酒样 pH 对 EC 回收率的影响（n=3）

由图 2-2 可以看出，酒样酸碱度对 EC 回收率影响不大，pH 为 7.0 时 EC 回收率略低。从试验结果看，在 P<0.05 水平上，pH7.0 时 EC 的回收率和其他 pH 范围的回收率没有显著性差异。试验结果与 Woo 和 Lachenmeier 等报道的结果不一致。Woo 等[34]报道以三氯甲烷为萃取溶剂，用 LLE 方法萃取韩国米酒中 EC 时，酒样 pH9.0 时 EC 回收率最高，在酸性范围内调整 pH 对 EC 回收率没有影响。Woo 认为，在碱性 pH 范围内，因氨基失去正电荷而使 EC 在溶液中溶解度降低，因此回收率升高。而 Lachenmeier 等[24]用 SPME 方法萃取核果酒精饮料中 EC 含量时认为，pH 为 7.0 时检测到 EC 峰面积最大，而 pH 为 3.0 和 11.0 时，EC 峰面积均较低。

本研究中待测液 pH 对 EC 回收率影响不显著，可能是因为 EC 为弱碱性物质，调整溶液的 pH，改变了 EC 及溶液的其他离子组成，可能会对 EC 的回收率有影响，但由于液/液萃取时容易产生乳化现象，操作系统误差较大，导致溶液 pH 的变化对 EC 回收率影响不显著。

第五节 二氯甲烷用量对 EC 回收率的影响

建立环保、经济的葡萄酒中 EC 含量检测的标准方法，二氯甲烷的消耗量是主要内容之一。试验考察二氯甲烷用量分别为 3×50 mL、3×75 mL、3×100 mL 和 3×125 mL 时对 EC 回收率的影响（图 2-3），KCl 加入量为 16 g，酒样的 pH 为自然 pH。

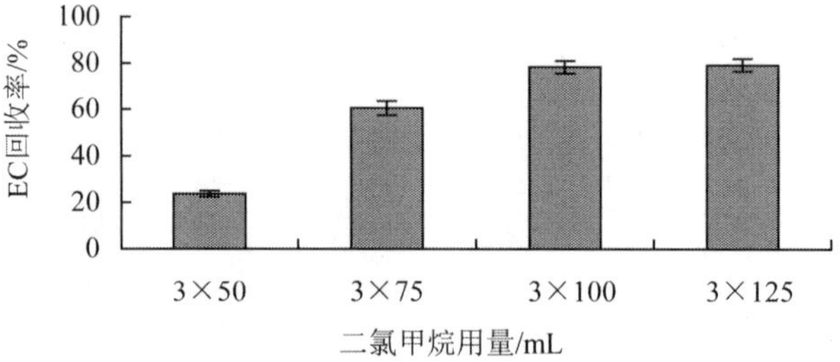

图 2-3　二氯甲烷用量对 EC 回收率的影响（n=3）

由图 2-3 可知，随着二氯甲烷用量的增加，EC 的回收率逐渐增加，二氯甲烷用量为 3×100 mL 时，EC 的回收率达最大值（78.49±2.73）%，继续增加二氯甲烷的用量，EC 的回收率不再增加。经显著性方差分析，二氯甲烷用量为 3×100 mL 和 3×125 mL 时，在 P<0.05 水平上没有显著性差异。因此试验中选用二氯甲烷的用量为 3×100 mL。

第六节　葡萄酒样品中 EC 含量的萃取与测定

依据方法中葡萄酒样品萃取，葡萄酒样品溶液的 pH 为自然 pH，加入 16 g KCl，二氯甲烷用量为 3×100 mL，对葡萄酒样品进行萃取，有机相浓缩后经 GC/MS 分析，结果见表 2-1。

表 2-1　LLE 法葡萄酒样品中 EC 含量测定结果（n=3）

葡萄酒样品	测定值/（μg/L）	加标量/（μg/L）	加标后测定值/（μg/L）	回收率/%
1	35.2±2.4	40	67.4±3.7	80.39
2	11.2±1.1	15	22.5±2.2	74.42
3	22.6±1.0	25	42.1±2.7	78.01
4	15.7±1.3	20	31.0±2.7	76.56
5	n.d.	—	—	—
6	n.d.	—	—	—

注：“n.d.”为未检出

由表 2-1 可以看出，采用 LLE 法分析葡萄酒中 EC 含量时，回收率在 76.56%～80.39%，回收率比较低。

方法的重复性对于准确测定葡萄酒样品中 EC 含量是十分重要的。依据第一节中方法，对葡萄酒样品进行萃取，有机相浓缩后经 GC/MS 分析，计算标准偏差和相对标准偏差，结果见表 2-2。隔天检测数据为连续三天做平行测定。

表 2-2　LLE 法检测葡萄酒样品中 EC 含量的精密度试验（$n=3$）

葡萄酒样品	同一天检测数据		隔天检测数据	
	EC/（μg/L）	RSD/%	EC/（μg/L）	RSD/%
1	35.2±2.4	6.82	34.7±2.7	7.78
2	11.2±1.1	9.82	10.1±0.9	8.91
3	22.6±1.0	4.42	21.6±1.5	6.94
4	15.7±1.3	8.28	16.4±1.7	10.36

由表 2-2 可以看出，同一天检测的相对标准偏差（RSD）在 4.42%～9.82%，隔天检测的相对标准偏差在 6.94%～10.36%，经误差分析，同一天与隔天检测数据的误差在 0～0.05 范围内，表明此萃取方法的重复性好。

第七节　研 究 小 结

以 nPC 为内标，用 LLE 方法萃取葡萄酒样品中 EC，结合 GC/MS 分析，可以定量检测葡萄酒中 EC 的含量。检测结果比我国进出口商品检验行业标准《出口酒类中氨基甲酸乙酯残留量检验方法》（SN 0285—93）[162]规定的外标法的精密度有所提高（结果未显示）。

LLE 法萃取葡萄酒样中 EC 时的最佳参数为：酒样溶液的 pH 为自然 pH，KCl 用量为 16 g（40%），二氯甲烷用量为 3×100 mL。方法的检出限为 8.0 μg/L，回收率在 76.56%～80.39%，同天检测的相对标准偏差为 4.42%～9.82%，隔天检测的相对标准偏差在 6.94%～10.36%。

试验在萃取过程中乳化现象严重，操作系统误差较大，方法的精密度及准确度均较低。因为校正标准溶液由蒸馏水配制，萃取时不产生乳化现象，因此校正标准曲线的斜率偏高，使得测定结果可能偏低。

第三章　SPE 结合 GC/MS 法测定葡萄酒中 EC 含量的方法研究

自从 1978 年出现一次性商品固相萃取柱（solid phase extraction，SPE），SPE 柱在浓缩被测组分或除去有害物质方面被广泛应用。与传统的 LLE 样品前处理方法相比，SPE 具有萃取速度快，降低了实验成本，减少对环境的污染，不出现乳化现象，能有效地将分析物与干扰组分分离等优点，并且操作简单，容易实现自动化。

SPE 方法被广泛用于食品中痕量物质的分析，Dennis 等[20]首先采用 Extrelut（或 Chem Elut）等 SPE 柱用于酒精饮料中 EC 的萃取。1994 年，OIV 和 AOAC（Association of Official Analytical Chemists）实验室采用 SPE 柱（50 mL，Chem Elut）吸附酒中的 EC，然后以二氯甲烷洗脱的前处理方法进行国际实验室间的合作研究，1998 年，OIV 把采用 SPE 柱的前处理方法推荐为 EC 前处理的标准方法（Resolution Oeno 8/98）。

在 Resolution Oeno 8/98 方法中，应用试剂无水乙醇的 40%稀释溶液配制校正溶液，但目前国内外生产的试剂无水乙醇，无论是分析纯还是色谱纯，一般都由发酵法生产，这不可避免使无水乙醇本身含有较高浓度的 EC[2]。通过对国内各试剂公司经销的国内外生产的无水乙醇试剂的调查，没有不含 EC 的无水乙醇试剂。笔者在分析纯和色谱纯的无水乙醇中也检测到了 EC，因此，本试验中不采用无水乙醇的稀释液，而采用蒸馏水来配制校正标准溶液对葡萄酒中 EC 含量进行检测，这是建立葡萄酒中 EC 含量检测标准方法的重要内容之一。

本章基于 OIV 推荐的方法，对萃取溶液的 pH、二氯甲烷用量等最佳工艺参数进行优化，然后在最佳参数条件下对葡萄酒样品中的 EC 进行萃取，结合 GC/MS 分析，将方法的准确度和精密度与其他方法分析结果进行比较，以选择葡萄酒中 EC 检测的标准方法。

第一节　研究方法概述

一、仪器

GC/MS：Thermo Trace GC ultra-DSQ，美国 Finnigam 公司。

旋转蒸发仪（SENCO W201）：上海申生科技有限公司。

固相萃取小柱（50 mL，Chem Elut）：美国 Varian 公司。

二、试剂

EC 标准品：Sigma-Aldrich 公司，CAS 51-79-6，纯度＞99%。
nPC 内标：Sigma 公司；纯度＞98%。
丙酮：天津市科密欧化学试剂开发中心，色谱纯。
二氯甲烷：天津市博迪化工有限公司，分析纯。
酒石酸：中国派尼化学试剂厂，分析纯。
氢氧化钠：中国派尼化学试剂厂，分析纯。
甲醇：天津市科密欧化学试剂开发中心，色谱纯。

三、实验方法

(一) 标准溶液的配制

1. EC 标准溶液[10]

母液：1.00 mg/mL，将 100 mg 的 EC 用丙酮溶解，以 100 mL 容量瓶定容。
标准溶液：10.0 μg/ mL，将 1.0 mL EC 母液加入 100 mL 容量瓶中，用丙酮稀释至刻度。

2. PC 标准溶液[10]

母液：1.00 mg/mL，将 100 mg 的 PC 用丙酮溶解，以 100 mL 容量瓶定容。
标准溶液：10.0 μg/mL，将 1 mL PC 母液加入 100 mL 容量瓶中，用丙酮稀释至刻度。

(二) PC 内标溶液[10]

800 ng/mL，将 8 mL PC 标准溶液加入 100 mL 容量瓶中，用蒸馏水稀释至刻度。

(三) 模式溶液的配制

将 1. 中 10.0 μg/mL 的 EC 标准溶液用蒸馏水稀释，配制成浓度为 100 ng/mL 的 EC 模式溶液。

(四) SPE 柱萃取方法[35, 45]

1. 活化吸附剂

在萃取样品之前先对硅藻土进行活化，具体操作为，用 100 mL 二氯甲烷冲洗小柱，接着用 50 mL 甲醇再次冲洗小柱，然后加 100 mL 水冲洗，保持硅藻土湿润状态下加样液。

2. 上样

将待测酒样装入活化后的固相萃取柱，用 10 mL 的蒸馏水冲洗烧杯，并将冲洗用水装入柱中。

3. 洗涤

上样溶液在柱中停留一段时间，用 3 倍上样液体积的蒸馏水冲洗小柱，弃去废液。

4. 洗脱

加入规定量的二氯甲烷将 EC 洗脱下来，加以收集浓缩。

（五）校正标准曲线的绘制

校正标准曲线的绘制：准确吸取各浓度的校正标准溶液 1 mL，置于 250 mL 小烧杯中，加入 19 mL 蒸馏水，混合均匀，放入萃取柱中，然后用二氯甲烷进行洗脱。洗脱液流经装有 10 g 无水硫酸钠的漏斗，收集在蒸馏烧瓶中，洗脱液用真空旋转蒸发仪在 30℃条件下进行浓缩，浓缩至 4 mL 左右转至 KD 瓶中，用少量的二氯甲烷润洗圆底烧瓶，使 EC 完全转入 KD 瓶中，在同样条件下浓缩至 1 mL，转至离心管中进行 GC/MS 定量分析。对 EC-nPC 的峰面积比值和 EC 的浓度绘制标准曲线示意图，并计算出标准曲线回归方程。

（六）葡萄酒样品的萃取[10]

准确量取葡萄酒样品 20.0 mL 于 250 mL 小烧杯中，加入 1.0 mL nPC 内标溶液和约 20 mL 蒸馏水，混合摇匀，装入萃取柱，用 10 mL 的蒸馏水冲洗烧杯，并将冲洗用水装入柱中。使液体在柱中停留一段时间，在优化的最佳参数条件下用二氯甲烷进行洗脱。洗脱液浓缩程序同（五）。

试验用葡萄酒样品 $2^{\#}$和 $5^{\#}$为干白葡萄酒，$1^{\#}$、$3^{\#}$、$4^{\#}$和 $6^{\#}$为干红葡萄酒。

（七）GC/MS 条件

色谱条件：DB-WAX 毛细管色谱柱 30 m×0.25 mm×0.25 μm，进样口温度为 190℃。柱温程序：初温 40℃，保持 2 min，然后以 10℃/min 升至 180℃，保持 0.5 min，再以 50℃/min 的速度升至 220℃，保持 4 min。载气为高纯氦气，流速为 1.0 mL/min，不分流进样，进样量为 1.0 μL。

质谱条件：离子源温度为 220℃；电子能量为 70 eV；接口温度为 220℃；电子倍增电压为 1568 V；检测离子 *m/z* 62、*m/z* 74、*m/z* 89，定量离子 *m/z* 62。

四、数据处理

采用 DPSv7.55 数据处理软件对实验数据的方差显著性进行分析。

第二节 pH 对萃取的影响

用酒石酸调整模式溶液的 pH，溶液 pH 的考察范围为 3.0～11.0，二氯甲烷用量暂定为 160 mL，对模式溶液中 EC 进行萃取，然后进行 GC/MS 分析，以 EC-nPC 峰面积比值为指标，考察溶液 pH 对 EC 萃取回收率的影响。EC-nPC 峰面积比值越大，表明 EC 萃取率越高。结果如图 3-1 所示。

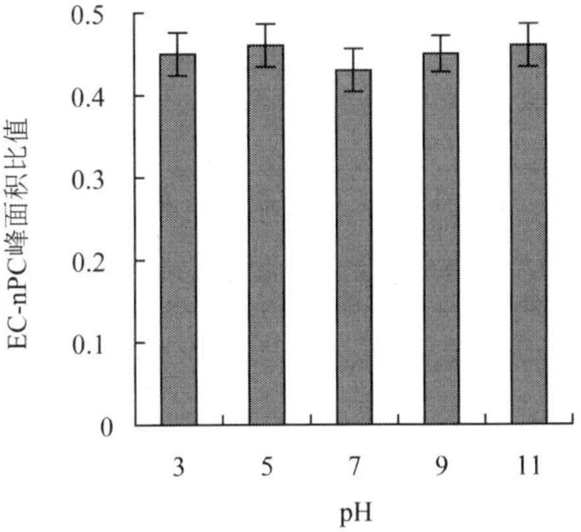

图 3-1 溶液 pH 对 EC 萃取回收率的影响（$n=3$）

由图 3-1 可知，利用 SPE 方法对模式溶液中 EC 进行萃取，溶液 pH 对 EC 萃取回收率影响不明显，pH 为 7.0 时 EC 回收率略低。此结果和 LLE 法研究结果基本一致。但从试验结果看，在 $P<0.05$ 水平上，pH7.0 时 EC 的回收率和其他 pH 范围的回收率在 $P<0.05$ 水平上有显著性差异，试验结果与 Woo 等[34]和 Lachenmeier 等[24]报道的结果不一致。溶液 pH 为 7.0 时 EC 萃取的回收率略低的原因尚不清楚，也没有相应的文献报道，因此，待测样 pH 对萃取率影响的机理还需进一步研究。

葡萄酒的自然 pH 在 3.0～4.5，因此，根据试验结果，在用 SPE 方法萃取葡萄酒中 EC 时，待测液的 pH 采用自然 pH。

第三节　二氯甲烷用量对萃取的影响

准确量取模式溶液 10 mL，溶液用酒石酸调至酸性，考察二氯甲烷用量为 50～200 mL 时对 EC-nPC 峰面积比值的影响（图 3-2）。

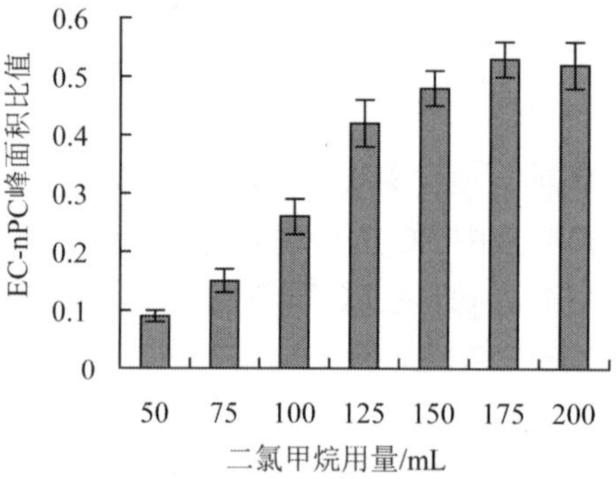

图 3-2　二氯甲烷用量对 EC 萃取回收率的影响（$n=3$）

由图可以看出，随着二氯甲烷用量的增加，EC 萃取回收率相应增加，在二氯甲烷用量为 175 mL 时，EC-nPC 峰面积比值达最大值。继续增加二氯甲烷的用量，EC-nPC 峰面积比值不再增加。经显著性方差分析，二氯甲烷用量为 175 mL 和 200 mL 时，在 $P<0.05$ 水平上没有显著性差异。因此实验中选用二氯甲烷的用量为 175 mL。

第四节　校正标准曲线

按照标准曲线绘制，校正标准溶液的 pH 为自然 pH，二氯甲烷用量为 175 mL，对系列校正标准溶液进行萃取，以 GC/MS 定量分析得到校正标准曲线：

$$y=0.5848x-0.0249 \tag{3-1}$$

校正标准曲线的决定系数 $R^2=0.9910$，表明标准曲线的相关性较高。

第五节　葡萄酒中 EC 的萃取及测定

依据方法中葡萄酒中样品的萃取，酒液的 pH 为自然 pH，二氯甲烷用量为 175 mL，对葡萄酒样品进行萃取，洗脱液浓缩后经 GC/MS 分析，结果见表 3-1。

表 3-1　SPE 法葡萄酒样品中 EC 含量测定结果（$n=3$）

葡萄酒样品	测定值/（μg/L）	加标量/（μg/L）	加标后测定值/（μg/L）	回收率/%
1	37.9±1.6	40	74.2±2.8	90.63
2	12.5±0.9	15	25.6±1.2	87.52
3	24.7±1.7	25	50.4±1.5	102.82
4	18.0±0.8	20	36.4±1.6	91.80
5	7.6±0.6	10	16.2±0.9	85.76
6	6.1±0.5	10	14.5±1.0	86.32

由表 3-1 可以看出，采用 SPE 法分析葡萄酒中 EC 含量时，回收率在 85.76%～102.82%，表明方法的准确度比较高，可以用于葡萄酒中 EC 含量的常规分析。

为验证方法的重复性，依据第一节中实验方法“（六）葡萄酒样品的萃取”，对葡萄酒样品进行萃取，有机相浓缩后经 GC/MS 分析，计算标准偏差和相对标准偏差，结果见表 3-2。隔天检测数据为连续三天做平行测定。

表 3-2　SPE 法检测葡萄酒样品中 EC 含量的精密度实验（$n=3$）

葡萄酒样品	同一天检测数据		隔天检测数据	
	EC/（μg/L）	RSD/%	EC/（μg/L）	RSD/%
1	37.9±1.6	4.22	38.2±1.8	4.71
2	12.5±0.9	7.20	13.3±1.0	7.52
3	24.7±1.7	6.88	24.4±1.4	5.74
4	18.0±0.8	4.44	17.4±0.8	4.60
5	7.6±0.6	7.89	7.9±0.8	10.13
6	6.1±0.5	8.20	5.9±0.5	8.47

由表 3-2 可以看出，同一天检测的相对标准偏差（RSD）在 4.22%～8.20%，隔天检测的相对标准偏差在 4.60%～10.13%，经误差分析，同一天与隔天检测数据的误差在 0～0.06 范围内，表明此萃取方法的重复性好，精密度较高。

第六节　研 究 小 结

SPE 方法是 OIV 推荐的酒精饮料中 EC 含量检测标准方法的前处理方法。Resolution Oeno 8/98 方法中校正标准溶液是用 40%乙醇溶液配制而成，因现在试剂无水乙醇中本身含有 EC，本方法中校正标准溶液用蒸馏水配制，因此，本方法可能和 Resolution Oeno 8/98 方法结果有偏差。

SPE 方法萃取葡萄酒中 EC 时溶液的最佳 pH 采用自然 pH，二氯甲烷用量为 175 mL。回收率实验和精密度实验表明，SPE 方法具有一定的准确度和重复性。可以用于葡萄酒中 EC 含量检测与处理方法的常规分析。方法的检出限为 3.0 μg/L。

第四章　SPME 结合 GC/MS 方法检测葡萄酒中 EC 的方法

固相微萃取（solid phase microextraction，SPME）是 1990 年年初由加拿大 Waterloo 大学 Pawliszyn 等在 SPE 基础上发展起来的样品预处理技术，和传统的萃取方法相比，SPME 方法快速、简便、不使用萃取溶剂，因此具有节省劳动力、实验材料、降低成本及减少有机萃取溶剂对环境及分析者的毒害等优点。据文献报道，SPME 可广泛用于食品中痕量物质及农药残留的分析[36]。用于葡萄酒中微量成分的分析也有报道，如 SPME 可用于分析葡萄酒中的挥发性香气[30, 163]、含硫化合物含量[164]及橡木内酯[165]等成分。EC 为半挥发性物质，从理论上也可用 SPME 方法分析。

目前，国内外 SPME 方法的仪器均为美国 Supelco 公司的设备。Whiton 和 Zoecklein[30]、王利平等[15]和 Lachenmeier 等[24]分别报道了 SPME 用于萃取葡萄酒和核果饮料中 EC 含量分析的方法，但所报道的优化参数差别较大。

用 SPME 方法萃取时，分析物在涂层与样品基质间的分配系数是关键因素[51, 52, 166]。本章针对影响分配系数的因素，分别就萃取头选择、盐的加入量、解析时间进行单因素试验，并利用二次正交旋转组合试验对萃取温度、萃取时间、样品溶液的 pH 等因素进行参数优化。

第一节　研究方法概述

一、试验仪器

固相微萃取仪器：萃取头和萃取手柄购于美国 Supelco 公司，加热搅拌装置购于美国 Corning 公司。样品瓶的体积为 15 mL。

GC/MS：Finnigam 公司 Thermo Trace GC ultra-DSQ。

二、试验试剂

EC 标准品：Sigma-Aldrich 公司，CAS 51-79-6，纯度＞99%。

nPC 内标：Sigma 公司；纯度＞98%。

丙酮：天津市科密欧化学试剂开发中心，色谱纯。

二氯甲烷：天津市博迪化工有限公司，分析纯。

酒石酸：中国派尼化学试剂厂，分析纯。
氢氧化钠：中国派尼化学试剂厂，分析纯。
氯化钠：天津市博迪化工有限公司，分析纯。

三、试验方法

（一）EC模式溶液[10]

取浓度为10.0 μg/mL的EC标准溶液1.0 mL加入到容量瓶中，用蒸馏水稀释至刻度，配制成浓度为100 ng/mL的模式溶液。

（二）EC校正标准溶液

校正标准溶液的配制：用蒸馏水将EC标准溶液和PC标准溶液进行稀释，得到以下浓度的EC-nPC校正溶液：（200 ng EC＋800 ng PC）/mL、（400 ng EC＋800 ng PC）/mL、（800 ng EC＋800ng PC）/mL和（1600 ng EC＋800 ng PC）/mL。

校正标准曲线的绘制：准确吸取各浓度的校正标准溶液1 mL，置于250 mL小烧杯中，加入9 mL蒸馏水和5g KCl，充分搅拌，用3×100 mL的二氯甲烷萃取（二氯甲烷每次用量100 mL，萃取3次），合并有机相，用无水Na_2SO_4脱水，然后用5 mL的二氯甲烷冲洗无水Na_2SO_4，并入有机相，在30℃下旋转蒸发浓缩，浓缩至大约4 mL，用2 mL二氯甲烷冲洗圆底烧瓶，共6 mL浓缩液，转入KD瓶中，继续在30℃下旋转蒸发，浓缩至1.0 mL，转至离心管中进行GC/MS定量分析。对EC-nPC的峰面积比值和EC的浓度绘制标准曲线示意图，并计算出标准曲线回归方程。

（三）SPME萃取头的选择

用于试验的萃取头有：30 μm PDMS，65 μm PDMS/DVB，85 μm PA，70 μm CW/DVB。各种萃取头使用前按公司推荐的条件进行老化，然后进行干扰峰的检测，老化至无干扰峰的出现。

（四）SPME对EC的萃取[15,30,24]

研究萃取头选择、NaCl用量和解析时间的影响的萃取溶液为：准确量取8.0mL 100 ng/mL的EC模式溶液、1.0mL 800 ng/mL PC内标溶液和1.0 mL蒸馏水。

研究萃取参数优化时的萃取溶液为：准确量取8.0 mL 100 ng/mL的EC模式溶液和2.0 mL蒸馏水。

绘制校正标准曲线：准确量取1.0 mL的EC校正标准溶液和1.0 mL 800 ng/mL PC内标溶液置于样品瓶中，用蒸馏水补充，总体积为10 mL。

葡萄酒中 EC 的萃取：准确吸取 9.0 mL 待测葡萄酒溶液，加入 1.0 mL 800 ng/mL PC 内标溶液置于样品瓶中。试验用葡萄酒样品 2#和 5#为干白葡萄酒，1#、3#、4#和 6#为干红葡萄酒。

萃取时把上述溶液用酒石酸调整至合适 pH，置于 15 mL 样品瓶中，加入一定量的 NaCl 固体，加一磁力搅拌子后，将样品瓶置于加热搅拌装置上，调整合适的加热温度，搅拌速率为 800 r/min。溶液平衡 30 min 后，把萃取头插入萃取瓶中进行顶空萃取，萃取头吸附一定时间后，取出萃取头，插入 GC/MS 的进样口热解析一段时间。萃取头进行萃取之前插入进样口老化 20 min。

（五）GC/MS 条件

色谱条件：DB-WAX 毛细管色谱柱 30 m×0.25 mm×0.25 μm， 柱温 40℃保持 5 min，以 10℃/min 的速度增至 60℃，然后以 3℃/min 的速度增至 140℃，再以 10℃/min 的速度增至 230℃，保持 3.3 min，总运行时间为 46 min。载气 He，载气流量为 1 mL/min。注射模式为不分流 5 min。

质谱条件：离子源温度为 250℃，电子能量为 70 eV，接口温度为 230℃，电子倍增器电压为 1568 V，检测离子 *m*/*z* 62、*m*/*z* 74、*m*/*z* 89，定量离子 *m*/*z* 62。

四、试验设计

采用单因素试验分别考察萃取头、盐的加入量、解析时间对 EC 萃取量的影响；在以上单因素试验的结果下，采用三因素二次回归正交旋转设计方案，按照表 4-1 和表 4-2 对不同参数条件下的模式溶液进行萃取，以 GC/MS 检测 EC 峰面积，利用峰面积归一化法计算出 EC 峰面积比值，结果见表 4-1 和表 4-2。

表 4-1　二次回归正交旋转组合设计因素水平编码表

z_j（水平）	z_1（萃取温度）/℃	z_2（萃取时间）/min	z_3（萃取 pH）
+1.682	60	50	11
+1	52	44	10.2
0	40	35	9
−1	28	26	7.8
−1.682	20	20	7
Δ_j	12	9	1.2

表 4-2　二次回归正交旋转组合设计试验安排及结果

试验号	萃取温度	萃取时间	萃取 pH	EC 峰面积比值/%
1	1	1	1	32.26
2	1	1	−1	29.45
3	1	−1	1	31.77
4	1	−1	−1	27.92
5	−1	1	1	29.55
6	−1	1	−1	25.84
7	−1	−1	1	27.97
8	−1	−1	−1	20.28
9	1.682	0	0	30.64
10	−1.682	0	0	20.73
11	0	1.682	0	32.06
12	0	−1.682	0	26.24
13	0	0	1.682	34.82
14	0	0	−1.682	26.96
15	0	0	0	34.85
16	0	0	0	33.54
17	0	0	0	34.39
18	0	0	0	32.76
19	0	0	0	33.61
20	0	0	0	33.22
21	0	0	0	35.13
22	0	0	0	34.42
23	0	0	0	33.78

五、数据处理

采用 DPSv7.55 数据处理软件对试验数据的方差显著性进行分析；采用 Statistics 数据处理软件对二次回归正交旋转设计数据进行分析。

第二节　萃取头的选择

萃取涂层的选择是 SPME 法的关键，本试验对萃取头为 30 μm PDMS、65 μm PDMS/DVB、85 μm PA、70 μm CW/DVB 等四种型号萃取头进行选择，其他参数暂定为 NaCl 用量 2.5 g，萃取温度 30℃，萃取时间 30 min，模式溶液 pH 8.0，解析时间 10 min，结果如图 4-1 所示。

如图 4-1 所示，通过对吸附后再解析的 GC/MS 检测的峰面积比较，不同的萃取头吸附 EC 和 PC 的量大不相同：70 μm CW/DVB 萃取头对 EC 和 PC 有最好的吸附效果，其次是 65 μm PDMS/DVB 和 85 μm PA，70 μm PDMS 吸附效果最差。这是因为，根据“相似相溶”的原理，以分析物在涂层与样品基质间的分配系数最大为佳。由于不同材料的涂层其极性、选择性、稳定性各不相同，EC 为极性亲水化合物，辛醇-水的分配系数（$\lg P_{o/w}$）为－0.15[24]，因此具有极性和双极性纤维膜的萃取头萃取效果较好。试验结果与 Whiton 和 Zoecklein[30]以及 Lachenmeier 等[24]的结论基本一致。王利平等[15]认为 50/30 μm DVB/CAR/PDMS 萃取效果最好，与 Lachenmeier 的试验结果恰好相反。结合本试验研究结果，选择 CW/DVB 为本试验所用萃取头。

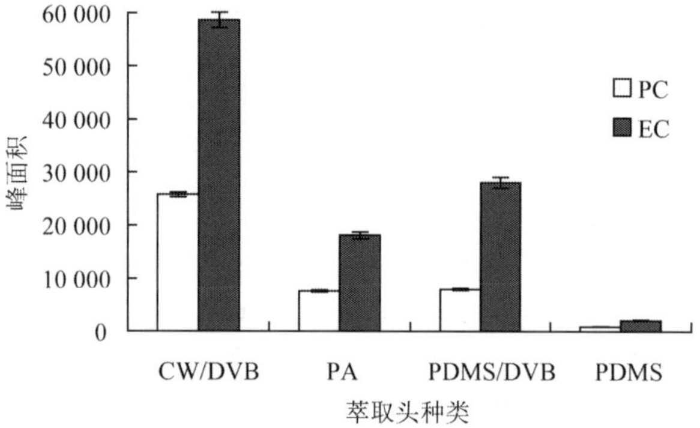

图 4-1　不同萃取头对模式溶液中 EC 和 PC 萃取的影响（n=3）

第三节　溶液离子强度的影响

试验考察待测液中 NaCl 的浓度分别为 15%（1.5g）、20%（2.0g）、25%（2.5g）和 30%（3.0 g）时对 EC 萃取回收率的影响，萃取头选用 70μm CW/DVB，其他参数暂定为萃取温度 30℃，萃取时间 30 min，模式溶液 pH 8.0，解析时间 10 min，结果如图 4-2 所示。

如图 4-2 所示，随着 NaCl 浓度的增加，EC 和 PC 的萃取量增加；但随着 NaCl 浓度的继续增加，EC 和 PC 的萃取量反而降低。在 NaCl 加入量为 2.0 g（20%）和 2.5 g（25%）时，萃取头涂层对 EC 的萃取量较大，而加入 NaCl 为 1.5 g（15%）和 3.0 g（30%）时，萃取头涂层对 EC 的萃取量较小。显著性方差分析表明，加入 2.0 g 和 2.5 gNaCl 时，EC 和 PC 的峰面积没有显著性差异（$P<0.05$），而加入 1.5 g 和 3.0 g NaCl 时，EC 峰面积分别和加入 2.0 g 和 2.5 gNaCl 的 EC 和 PC 的峰面积有显著性差异（$P<0.05$），与王利平等研究结果基本一致。

此结果可能是因为，在萃取前于样品中添加无机盐可以降低极性有机化合物的溶解度，产生盐析，提高分析物的分配系数，从而达到增加萃取头的固定相对待分析组分的吸附。向水溶液中加入强电解质，水溶液的离子强度增加，使 EC 的非极性相对增强并使其在水中的溶解度下降而进入样品瓶的顶空，使分析物在涂层上的萃取量增大，同时盐的加入还会影响基质黏度，降低分析物的扩散速度，产生盐的负效应，减小分析物的扩散速度[166,167]。因此，加入 NaCl 的量以样品液体积的 20%～25%为宜。

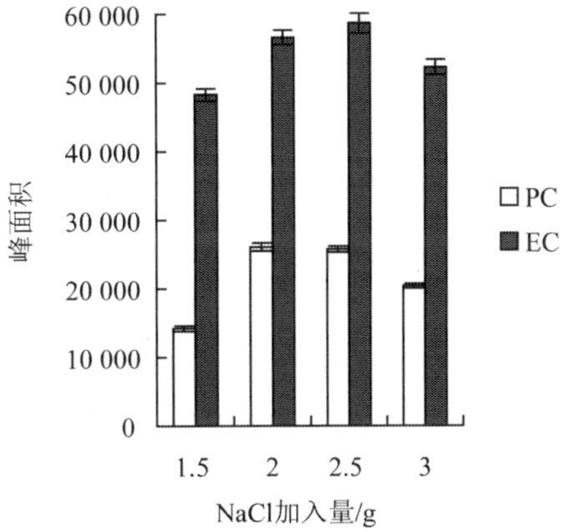

图 4-2　NaCl 加入量对 EC 和 PC 萃取量的影响（$n=3$）

第四节　解析时间的影响

解析时间的考察范围为 5 min、10 min 和 15 min，萃取头选用 70 μm CW/DVB，NaCl 加入量为 2.5 g，其他参数暂定为萃取温度 30℃，萃取时间 30 min，模式溶液 pH 8.0，结果如图 4-3 所示。

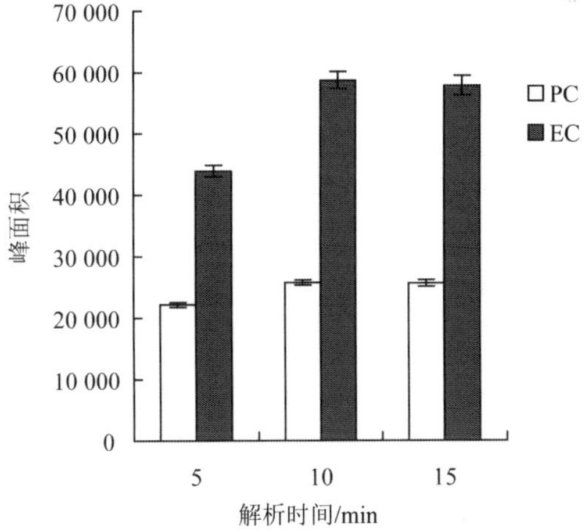

图 4-3　解析时间对 EC 回收率的影响（$n=3$）

由图 4-3 可以看出：随着解析时间的延长，EC 和 PC 的峰面积明显增大。萃取头解析时间为 10 min 时，EC 和 PC 的峰面积最大，但当解析时间升至 15 min

时，EC 和 PC 的峰面积相近，显著性方差分析表明，EC 和 PC 的峰面积在解析时间为 10 min 和 15 min 时没有显著性差异，而和解析时间为 5 min 的峰面积有显著性差异（$P<0.05$）。但解吸时间越长，质谱检测到的杂峰增加，不利于酒样萃取中 EC 和 PC 的定量分析。因此，解析时间选择为 10 min。

第五节　萃取温度、萃取时间和溶液 pH 等萃取参数优化

一、萃取条件回归模型的建立

SPME 方法是待测物在介质相、顶空相及萃取纤维相的分配平衡过程，在一定条件下达动态平衡时，涂层吸附的待测物的量与样品中的浓度成正比，以此作为定量分析的依据。萃取平衡受萃取温度、萃取时间和萃取溶液的 pH 等因素的影响。在单因素预试验的基础上，采用二次回归正交旋转设计对以上影响因素进行优化。试验设计及结果见表 4-1 和 4-2。

利用 Statistica 软件对表 4-2 试验数据进行回归分析，可以得到如下回归模型：

$$Y=33.97+2.52X_1+1.39X_2+2.29X_3-0.64X_1X_2-0.59X_1X_3-0.63X_2X_3-2.95X_1^2-1.73X_2^2-1.11X_3^2 \tag{4-1}$$

该回归方程的相关系数（R^2）为 0.982，表明该模型的预测精度较高。

二、回归模型的检验

为检验回归方程的显著性，需对回归方程进行 F 检验。F 检验反映了回归模型的有效性，包括回归方程显著性检验（F_2 检验）和失拟检验（F_1 检验），结果见表 4-3。

表 4-3　试验结果方差分析表

变异来源	平方和	自由度	均方	F值
X_1	86.78	1	86.78	126.70
X_2	26.29	1	26.29	38.38
X_3	71.63	1	71.63	104.59
X_1^2	136.70	1	136.70	199.57
X_2^2	45.90	1	45.90	67.01
X_3^2	18.54	1	18.54	27.06
X_1X_2	3.28	1	3.28	4.78
X_1X_3	2.81	1	2.81	4.10
X_2X_3	3.15	1	3.15	4.60
回归	397.30	9	44.14	$F_2=64.45$
剩余	8.90	13	0.69	
失拟	4.03	5	0.81	$F_1=1.32$
误差	4.88	8	0.61	
总和	406.20	22		

查表得：$F_{0.01}$（9，13）=4.19，$F_{0.05}$（5，8）=3.69[168]。回归方程显著性检验 F 值为 64.45，方程回归极显著，反映出该方程式在试验点上与试验结果相吻合。失拟性检验 F 值为 1.32，失拟不显著，表明回归方程无失拟因素存在，回归方程式拟合得较好，可用于设计范围内的预测。平方项的回归系数均极显著，说明各因素与萃取出的 EC 含量存在明显的二次关系。对回归系数的检验，各项系数均显著，因此各项系数均保留。

三、双因子交互作用对 EC 峰面积比值的影响分析

在回归方程（4-1）中，固定任意一个因素在零水平上，研究另两个因素间的交互效应。本试验所建立的模型中三交互项均极显著，因此绘制响应曲面分析它们交互作用对 EC 萃取率的影响，如图 4-4～图 4-6 所示。

由图 4-4～图 4-6 可知，EC 峰面积比值随萃取温度、萃取时间和溶液 pH 的升高是先增加然后降低，最优的萃取温度范围在 42.78～47.64℃，萃取时间范围在 33.47～39.95 min，溶液 pH 范围在 9.29～10.17，萃取温度对 EC 峰面积比值的影响最明显，其次是溶液 pH 和萃取时间。

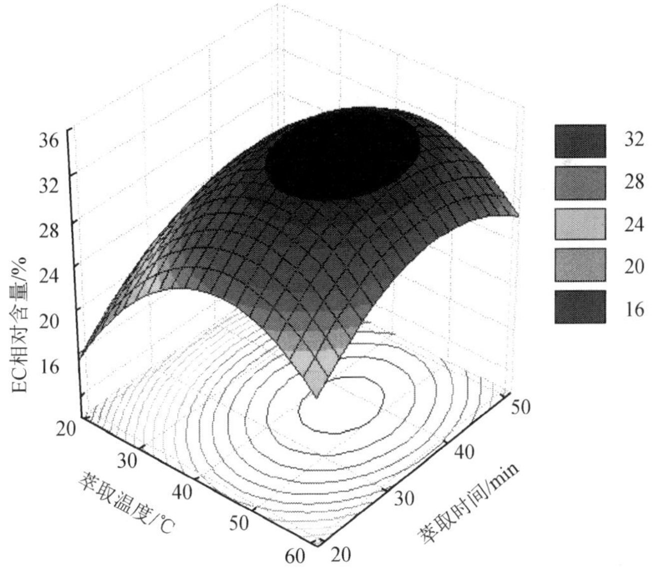

图 4-4 萃取温度和萃取时间对 EC 峰面积比值的影响

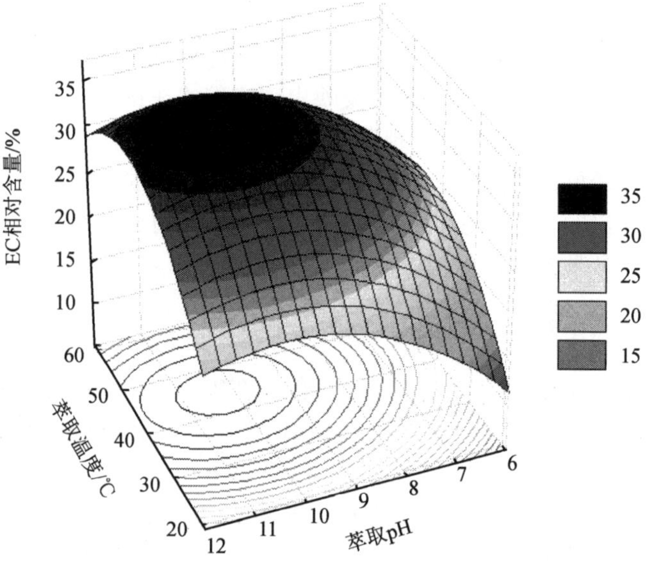

图 4-5　萃取温度和萃取 pH 对 EC 峰面积比值的影响

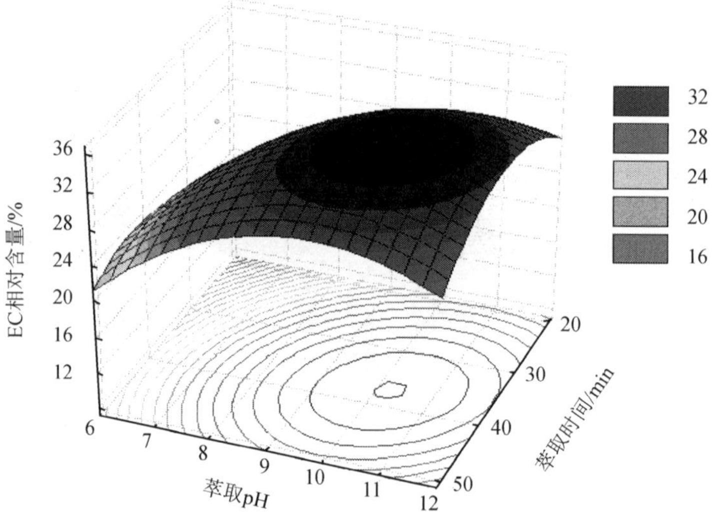

图 4-6　萃取时间和萃取 pH 对 EC 峰面积比值的影响

萃取温度对 SPME 法的影响具有双重效应，一方面，升高温度有利于分析物在基质中的扩散（提高分析物在顶空的分配），缩短平衡时间，加快分析速度；另一方面，升高温度使分析物在涂层与基质中的分配系数降低，涂层对分析物的吸附量减小。因此使用 SPME 法时有最佳的萃取温度。

影响萃取时间的因素主要有萃取头的选择、分配系数、样品的扩散系数、顶空体积、样品萃取的温度等。萃取开始时萃取头固定相中物质浓度增加得很快，接近平衡时速度极其缓慢。Lachenmeier 等[24]报道在 30℃萃取核果酒精饮料中 EC 时，萃取时间在 180 min 还未达到萃取平衡。一般情况下，萃取过程中不必达到完全平衡，因为平衡之前萃取头涂层中吸附的物质量与其最终浓度就已存在一个比例关系，因此，由图 4-4～图 4-6 可以看出，萃取时间对 EC 峰面积比值影响最小。但随着萃取时间的延长，由于样品中其他成分的影响及萃取头的不稳定性，EC 峰面积比值反而下降，所以，用 SPME 法萃取样品溶液中 EC 时，萃取时间不能太长。

调节溶液的 pH 可以降低组分的亲脂性，从而大大提高萃取效率[51]。试验中调节模式溶液的 pH，表明在碱性条件下 EC 的萃取率较高。在碱性条件下，部分 EC 失去正电荷而处于分子状态，降低其在水溶液中的溶解度，提高了萃取效率。但溶液的 pH 不能过高，否则会影响固定相涂层，反而使萃取率下降。

四、模式溶液萃取参数优化

用 Statistica 软件对模型进行拟合，对最高 EC 回收率进行模拟分析，得到 EC 峰面积比值最大时的萃取条件为：$X_1=0$，$X_2=0$，$X_3=1$，$Y=35.15\%$，即当萃取温度为 40℃，萃取时间为 35 min，溶液 pH 为 10.2 时，EC 峰面积比值达到理论最大值 35.15%。经实际检验在此最佳萃取条件下 EC 峰面积比值为 34.87%，与预测值基本相符。

本试验对萃取参数优化的结果与 Whiton 和 Zoecklein[30]及 Lachenmeier[24]报道的不完全相符。以 70 μm CW/DVB 萃取葡萄酒模式溶液中 EC，Whiton 等研究结果表明，萃取温度为 22℃，萃取时间为 30 min 是最佳条件，在萃取温度 30℃时 EC 的萃取率反而下降；Lachenmeier 等则认为，萃取时间 30 min 接近萃取平衡，但萃取温度在 70℃时 EC 的萃取率最高；同时，他认为，溶液的 pH 在 7.0 时，EC 的萃取率最高。但 Whiton 和 Lachenmeier 都是在单因素的基础上确定的最优参数，没有考虑到参数之间的交互作用，很显然，萃取温度、萃取时间及溶液的 pH 之间存在交互作用，因此以 70 μm CW/DVB 萃取葡萄酒模式溶液中 EC 时，最佳参数应为萃取温度为 40℃，萃取时间为 35 min，溶液 pH 为 10.2。

五、校正标准曲线回归方程

根据方法中 SPME 对 EC 的萃取，对 EC 校正标准溶液进行萃取。调整溶液 pH10.2，置于 15 mL 样品瓶中，加入 NaCl 2.5 g，萃取温度为 40℃，萃取时间为 35 min。

所得校正标准曲线回归方程为

$$y=0.5521x+0.0068 \tag{4-2}$$

由方程（4-2）可知，决定系数 R^2＝0.9942，表明方程线性较好。

第六节　葡萄酒样品中 EC 含量的检测

准确量取葡萄酒样品 9 mL 和 800 ng/mL 的 PC 内标溶液 1.0 mL，调整 pH 10.2，置于 15 mL 样品瓶中，加入 NaCl 2.5 g，萃取头选用 70μm CW/DVB，搅拌速率为 800r/min，溶液平衡 30 min 后，在 40℃下萃取 35 min，取出萃取头，插入 GC/MS 的进样口热解析 10 min，结果见表 4-4。

表 4-4　SPME 法葡萄酒样品中 EC 含量测定结果（n=3）

葡萄酒样品	测定值/（μg/L）	加标量/（μg/L）	加标后测定值/（μg/L）	回收率/%
1	40.3±3.4	50	82.7±6.3	84.80
2	13.7±1.2	20	30.1±2.3	82.00
3	27.2±1.8	20	42.4±3.0	76.00
4	18.6±1.4	20	34.7±2.6	80.50
5	n.d.	—	—	—
6	n.d.	—	—	—

注：n.d.表示未检出

由表 4-4 可以看出，采用 SPME 法分析葡萄酒中 EC 含量时，回收率在 76.0%～84.8%，表明回收率比较高，可以用于葡萄酒中 EC 含量的分析。

表 4-5　SPME 法检测葡萄酒样品中 EC 含量的精密度试验（n=3）

葡萄酒样品	同一天检测数据		隔天检测数据	
	EC/（μg/L）	RSD/%	EC/（μg/L）	RSD/%
1	40.3±3.4	8.44	39.4±4.4	11.16
2	13.7±1.5	10.95	12.5±1.3	10.40
3	27.2±1.8	6.62	25.7±2.1	8.17
4	18.6±1.4	7.53	17.2±1.2	6.98

由表 4-5 可以看出，同一天检测的相对标准偏差（RSD）在 6.62%～10.95%，隔天检测的相对标准偏差在 6.98%～11.16%，这可能与 SPME 仪器萃取头等特性有关；隔天检测数据稍微低于同一天的检测值，但误差均在 0.1 范围内，表明隔天检测的精密度比较高。

第七节　研 究 小 结

SPME 可以用来检测葡萄酒中的 EC，方法简便、快速且不需要萃取溶剂。萃取的最佳参数为：在搅拌速率为 800 r/min，溶液平衡 30 min 的平衡条件下，萃取头选用 70 μm CW/DVB，NaCl 浓度为 20%～25%，溶液 pH 10.2，40℃下萃取 35 min 后，取出萃取头，插入 GC/MS 的进样口热解析 10 min。在此萃取条件下，分析葡萄酒中 EC 含量的回收率在 76.0%～84.8%，检测的精密度同天的相对标准偏差在 6.62%～8.76%，隔天的相对标准偏差在 6.98%～10.41%，方法的检出限为 10 μg/L。

由于酒中乙醇可能与 EC 形成竞争吸附，并且酒精度过高的样品中酒精可能会包裹 EC 形成微胶团，因此，酒精浓度可能对 EC 萃取量产生一定的影响。Lachenmeier[24]研究报道，随着酒精度的增加，EC 的萃取量降低。但由于现在乙醇一般由发酵法生产，在试验过程中作者发现，用于试验的无水乙醇，即使是色谱纯乙醇，本身含有大量的 EC，因此，本试验对于干红和干白葡萄酒中乙醇对 EC 含量测定结果的影响没有作进一步的研究。

试验中用模式溶液萃取 EC 时，相对标准偏差（RSD）相对较低，而在优化参数下萃取葡萄酒样品中 EC 时，相对标准偏差较大（表 4-5），这可能与 SPME 萃取头涂层材料的热稳定性及涂渍性能有关，因此，萃取头涂层材料的热稳定性及涂渍性能是增加分析的精密度和准确度的关键所在[169]。总之，SPME 方法是样品前处理的新方法，其在缩短萃取时间、不需要萃取溶剂方面的优点将是样品前处理方法发展的方向，在萃取头涂层材料的热稳定性及涂渍性能方面继续改进，将具有其他萃取方法无可比拟的优点。

另外，样品经磁力搅拌后可以促进萃取并相应地减少萃取时间，特别对于高分子量和高扩散系数的组分，效果更明显。Whiton、王利平和 Lachenmeier 的文献中没有报道磁力搅拌的转速，试验结果与他们研究结果不完全相符，这可能与样品的搅拌程度及平衡时间等有关系。

第五章　SLE 结合 GC/MS 法测定葡萄酒中 EC 含量

固/液萃取（solid/liquid extraction，SLE）方法是将硅藻土和待分析的样品混合均匀，装入玻璃色谱层析柱，然后用二氯甲烷进行洗脱的萃取方法。和 LLE 方法相比，SLE 方法消除了乳化现象，减少了萃取有机溶剂的用量；和 SPE 方法相比，LLE 不需要贵重的仪器和设备及一次性萃取小柱，节约了样品前处理的成本。Matsudo 等[28]采用此方法分析酱油中 EC 的含量。

本研究的目的是以 nPC 为内标，结合 GC/MS 分析方法，建立以 Fluka 公司生产的 Celite 545 coarse 硅藻土为吸附剂对葡萄酒样品中 EC 进行萃取的方法。

第一节　研究方法概述

一、仪器

GC/MS：Thermo Trace GC ultra-DSQ，美国 Finnigam 公司。

旋转蒸发仪（SENCO W201）：上海申生科技有限公司。

二、试剂

硅藻土：Celite 545 coarse，Fluka 公司。

EC 标准品： Sigma-Aldrich 公司，CAS 51-79-6，纯度＞99%。

nPC 内标：Sigma 公司，纯度＞98%。

丙酮：天津市科密欧化学试剂开发中心，色谱纯。

二氯甲烷：天津市博迪化工有限公司，分析纯。

酒石酸：中国派尼化学试剂厂，分析纯。

氢氧化钠：中国派尼化学试剂厂，分析纯。

三、试验方法

（一）标准溶液的配制

1．EC 标准溶液[10]

母液：1.00 mg/mL，将 100 mg 的 EC 用丙酮溶解，以 100 mL 容量瓶定容。

标准溶液：10.0 μg/ mL，将 1.0 mL EC 母液加入 100 mL 容量瓶中，用丙酮稀释至刻度。

2. PC 标准溶液[10]

母液：1.00 mg/mL，将 100 mg 的 PC 用丙酮溶解，以 100 mL 容量瓶定容。

标准溶液：10.0 μg/ mL，将 1 mL PC 母液加入 100 mL 容量瓶中，用丙酮稀释至刻度。

（二）PC 内标溶液[10]

800 ng/ mL，将 8 mL PC 标准溶液加入 100 mL 容量瓶中，用蒸馏水稀释至刻度。

（三）模式溶液的配制

将(一)中 10.0 μg/mL 的 EC 标准溶液用蒸馏水稀释，配制成浓度为 100 ng/mL 的 EC 模式溶液。

（四）校正标准曲线的绘制[28]

校正标准溶液的配制：用蒸馏水将 EC 标准溶液和 PC 标准溶液进行稀释，得到以下浓度的 EC-nPC 校正溶液：（200 ng EC＋800 ng PC）/mL、（400 ng EC＋800 ng PC）/mL、（800 ng EC＋800ng PC）/mL 和（1600 ng EC＋800 ng PC）/mL。

校正标准曲线的绘制：准确吸取各浓度的校正标准溶液 1.0 mL，置于 250 mL 小烧杯中，加入 1.0 mL PC 内标溶液和 19.0 mL 蒸馏水，混合均匀；再加入 20 g 硅藻土，充分搅拌均匀后，装入玻璃色谱层析柱中，然后用二氯甲烷进行洗脱。洗脱液流经装有 10.0 g 无水硫酸钠的漏斗，收集在蒸馏烧瓶中，流速控制在小于 2 mL/min。洗脱液用真空旋转蒸发仪在 30℃条件下进行浓缩，浓缩至 4.0 mL 左右转至 KD 瓶中，用少量的二氯甲烷润洗圆底烧瓶，使 EC 完全转入 KD 瓶中，在同样条件下浓缩至 1.0 mL，转至离心管中进行 GC/MS 定量分析。对 EC-nPC 的峰面积比值和 EC 的浓度绘制标准曲线示意图，并计算出标准曲线回归方程。

（五）葡萄酒样品的萃取[28]

准确量取葡萄酒样品 20.0 mL 于 250 mL 小烧杯中，加入 1.0 mL nPC 内标溶液，混合摇匀，加入硅藻土 20.0 g，用玻璃棒搅拌均匀，装入层析柱，在优化的最佳参数条件下用二氯甲烷进行洗脱。洗脱液浓缩程序同（四）。试验用葡萄酒样品 $2^{\#}$和 $5^{\#}$为干白葡萄酒，$1^{\#}$、$3^{\#}$、$4^{\#}$和 $6^{\#}$为干红葡萄酒。

（六）GC/MS 条件

色谱条件：DB-WAX 毛细管色谱柱 30 m×0.25 mm×0.25 μm，进样口温度为 190℃，柱温程序：初温 40℃，保持 2 min，然后以 10℃/min 升至 180℃，保持

0.5 min，再以 50℃/min 的速度升至 220℃，保持 4 min。载气为高纯氦气，流速为 1.0 mL/min，不分流进样，进样量为 1.0 μL。

质谱条件：离子源温度为 220℃；电子能量为 70 eV；接口温度为 220℃；电子倍增电压为 1568 V；检测离子 *m*/*z* 62、*m*/*z* 74、*m*/*z* 89，定量离子 *m*/*z* 62；溶剂延迟 10 min。

四、数据处理

采用 DPSv7.55 数据处理软件对试验数据的方差显著性进行分析。

第二节　pH 对萃取的影响

调整模式溶液的 pH，溶液 pH 的考察范围为 3.0～11.0，二氯甲烷用量暂定为 100 mL，按照方法，对模式溶液中 EC 进行萃取，然后进行 GC/MS 分析，以 EC-nPC 峰面积比值为指标，评价 EC 萃取的回收率，结果如图 5-1 所示。

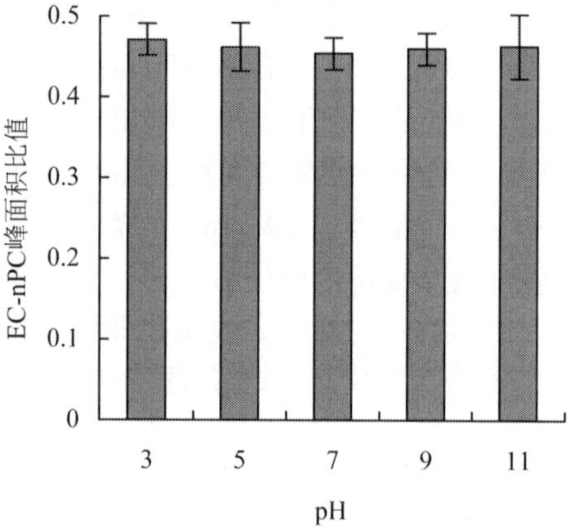

图 5-1　pH 对 EC 萃取回收率的影响（*n*=3）

由图 5-1 可知，pH 对 EC 萃取的回收率影响不显著，在 pH 7.0 时，EC-nPC 峰面积比值稍低，此结果和 SPE 方法的研究结果一致，因此 pH 对萃取的影响机理还需要进一步研究。

第三节　二氯甲烷用量对萃取的影响

模式溶液的 pH 为自然 pH，考察二氯甲烷用量为 50mL、60 mL、70 mL、80 mL、90 mL 时对 EC 萃取率的影响（图 5-2）。

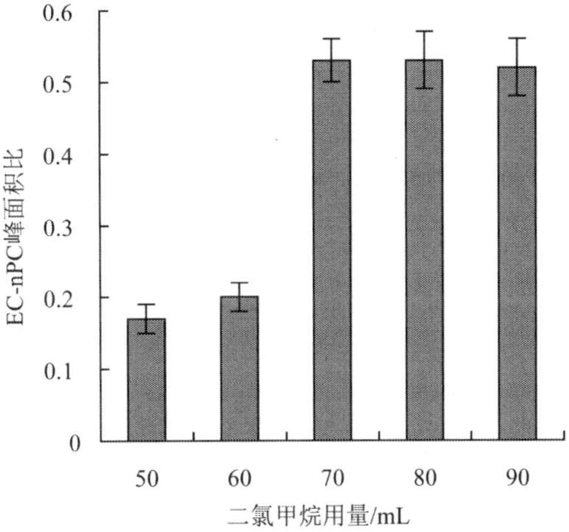

图 5-2 二氯甲烷用量对萃取回收率的影响（$n=3$）

由图 5-2 可知，随着二氯甲烷用量的增加，EC 的回收率迅速增加，在二氯甲烷用量为 70 mL 时，EC-nPC 峰面积比值达到最大值，随着二氯甲烷用量的继续增加，EC-nPC 峰面积比值不再增加。因此，用 SLE 方法萃取葡萄酒中 EC 时，二氯甲烷的用量选择为 70 mL。

第四节 校正标准曲线

按照第一节（四）中校正标准曲线的绘制方法，校正标准溶液的 pH 为自然 pH，二氯甲烷用量为 70 mL，对系列校正标准溶液进行萃取，以 GC/MS 定量分析得到校正标准曲线：

$$y=0.5312x+0.0355 \tag{5-1}$$

校正标准曲线的决定系数 $R^2=0.9913$，表明标准曲线的相关性较高。

第五节 葡萄酒中乙醇浓度对 EC 回收率的影响

干红、干白葡萄酒的乙醇含量一般在 12%（体积分数）左右，Lachenmeier 等报道利用固相微萃取方法萃取核果酒精饮料中 EC 时，乙醇浓度对 EC 的回收率有很大影响。因此，研究葡萄酒不同稀释倍数对 EC 回收率的影响。

由表 5-1 可以看出，利用硅藻土吸附的 SLE 方法萃取干红、干白葡萄酒中 EC，乙醇含量在 12%（体积分数）范围内对 EC 萃取率没有显著性影响，因此利用此法萃取干红、干白葡萄酒中 EC 时，样品可以不稀释。

表 5-1 不同稀释倍数对葡萄酒中 EC 萃取回收率的影响（n=3）

葡萄酒样品	稀释倍数及稀释后 EC 含量测定值/（μg/L）		
	0	1	2
1	37.8±1.1[a]	37.8±1.1[a]	37.7±1.2[a]
2	12.8±0.5[a]	12.6±0.5[a]	12.7±0.6[a]
3	24.9±0.9[a]	25.0±0.8[a]	24.8±0.9[a]
4	17.9±0.8[a]	17.7±0.7[a]	18.2±0.8[a]

a 为 $P<0.05$ 显著性差异

注：样品为 2#干白葡萄酒，1#、3#和 4#为干红葡萄酒

第六节　葡萄酒中 EC 的萃取及测定

依据第一节（五）中葡萄酒的萃取方法，用酒石酸调整酒液 pH，二氯甲烷用量为 70 mL，对葡萄酒样品进行萃取，洗脱液浓缩后经 GC/MS 分析，结果见表 5-2。

表 5-2　SLE 法葡萄酒样品中 EC 含量测定结果（n=3）

葡萄酒样品	测定值/（μg/L）	加标量/（μg/L）	加标后测定值/（μg/L）	回收率/%
1	37.8±1.1	40	75.3±2.8	93.39
2	12.8±0.5	15	25.8±1.2	84.38
3	24.9±0.9	25	47.1±1.5	88.76
4	17.9±0.8	20	35.4±1.6	86.03
5	7.5±0.5	10	16.2±0.9	82.67
6	6.2±0.4	10	15.5±1.0	88.71

由表 5-2 可以看出，采用 SLE 方法分析葡萄酒中 EC 含量时，回收率在 82.67%～93.39%，表明回收率还是比较高的，可以用于葡萄酒中 EC 含量的常规分析。

表 5-3　SLE 法检测葡萄酒样品中 EC 含量的精密度试验（n=3）

葡萄酒样品	同一天检测数据		隔天检测数据	
	EC/（μg/L）	RSD/%	EC/（μg/L）	RSD/%
1	37.8±1.1	2.91	37.5±1.2	3.20
2	12.8±0.5	3.91	13.1±0.4	3.05
3	24.9±0.9	3.61	24.4±0.8	3.28
4	17.9±0.8	4. 47	17.9±0.9	5.03
5	7.5±0.5	6.67	7.8±0.6	7.69
6	6.2±0.4	6.45	6.0±0.4	6.67

由表 5-3 可以看出，同一天检测的相对标准偏差（RSD）在 2.91%～6.67%，隔天检测的相对标准偏差在 3.05%～7.69%，经误差分析，同一天与隔天检测数据的误差在 0～0.04 范围之内，表明此萃取方法的重复性好，精密度较高。

第七节　研 究 小 结

固液萃取法萃取葡萄酒中 EC 时溶液 pH 对 EC 的回收率没有显著性影响，二氯甲烷用量为 70 mL。回收率试验和精密度试验表明，固液萃取方法准确度高、重复性好，方法的检出限为 2 μg/L。

据报道，如样品中含有乙醇，乙醇可能会包裹 EC 形成微胶团，因此，乙醇浓度可能会对 EC 萃取量产生一定的影响[24]。但试验中发现乙醇浓度在 12%（体积分数）范围内对 EC 的萃取率没有显著性影响。

本试验所用硅藻土为 Fluka 公司的 Celite 545 coarse。硅藻土生产厂家与型号不同，萃取效果不同，用分析纯的普通硅藻土萃取葡萄酒中 EC 结果表明，分析结果的回收率与精密度均较差。

第六章　EC 萃取方法的比较及中国葡萄酒中 EC 含量调查分析

第二章至第五章分别对葡萄酒中 EC 测定的前处理方法 LLE、SPE、SPME 和 SLE 等进行研究（检测方法均采用 GC/MS，nPC 内标法），主要对影响 EC 萃取回收率的参数进行了优化，并对试验进行了准确度和精确度试验，因此对四种萃取方法进行比较，并用最佳方法对我国葡萄酒样品中 EC 的含量进行检测，以评估我国葡萄酒中 EC 含量水平。

第一节　四种萃取方法对葡萄酒样品中 EC 含量检测结果分析

一、方法的精密度、准确度及检出限比较

由表 6-1（a）和表 6-1（b）可以看出，四种萃取方法的相对标准偏差（RSD）为 SLE＜SPE＜LLE＜SPME，SLE 法的精密度最高，其次为 SPE，而 LLE 和 SPME 方法的精密度较低。

表 6-1（a）　四种萃取方法对葡萄酒中 EC 分析结果

样品	LLE 方法			SPE 方法			SPME 方法			SLE 方法		
	测定值/（μg/L）	RSD /%	回收率 /%	测定值/（μg/L）	RSD /%	回收率 /%	测定值/（μg/L）	RSD /%	回收率 /%	测定值/（μg/L）	RSD /%	回收率 /%
1	35.2	6.82	80.39	37.9	4.22	90.63	40.3	8.44	84.80	37.8	2.91	93.39
2	11.2	9.82	74.42	12.5	7.20	87.52	13.7	10.95	82.00	12.8	3.91	84.38
3	22.6	4.42	78.01	24.7	6.88	102.82	27.2	6.62	76.00	24.9	3.61	88.76
4	15.7	8.28	76.56	18.0	4.44	91.80	18.6	7.53	80.50	17.9	4.47	86.03
5	n.d.	—	—	7.6	7.89	85.76	n.d.	—	—	7.5	6.67	82.67
6	n.d.	—	—	6.1	8.20	86.32	n.d.	—	—	6.2	6.45	88.71

注：样品 $2^{\#}$和 $5^{\#}$为干白葡萄酒，$1^{\#}$、$3^{\#}$、$4^{\#}$和 $6^{\#}$为干红葡萄酒，n.d.为未检出

表 6-1（b）　四种萃取方法对葡萄酒中 EC 分析结果

项目	LLE 方法	SPE 方法	SPME 方法	SLE 方法
RSD 的平均值/%	7.35	6.47	8.39	4.67
RSD 的 SD	2.30	1.73	1.86	1.55
回收率的平均值/%	77.35	90.81	80.83	87.32
回收率的 SD	2.51	6.35	3.68	3.82

四种萃取方法的回收率为 LLE＜SPME＜SLE＜SPE（SPE 有一个回收率超过 100%），SLE 方法和 SPE 方法的准确度较高，而 LLE 和 SPME 方法的准确度较低。

LLE 和 SPME 方法的检出限分别为 8.0 μg/L 和 10.0 μg/L，而 SPE 和 SLE 方法的检出限分别为 3.0 μg/L 和 2.0 μg/L，如果酒样中 EC 含量低于 10.0 μg/L，LLE 和 SPME 方法则可能检测不出。

由上分析可知，从方法的精密度、准确度和检出限来看，SLE 和 SPE 方法优于 LLE 和 SPME 方法。

二、萃取溶剂用量比较

从四种方法优化的萃取溶剂用量的最佳参数分析，对一个样品的一个处理所需的萃取溶剂二氯甲烷用量为：LLE 法，300 mL（3×100 mL）；SPE 法，175 mL；SLE 法，70 mL；SPME 为无溶剂萃取方法。因此，在使用有机溶剂萃取的情况下，SLE 法所用有机溶剂量最少。

三、萃取成本的分析

SPME 方法无需溶剂萃取，因此节省了萃取溶剂使用的成本。但是，SPME 仪器大约 2 万元，其易耗品为萃取头，一支萃取头约 800 元，使用次数约 50 次（随着使用次数的增加，精确度逐渐降低），因此一个酒样的一个处理易耗品成本约 16 元（不包括 SPME 仪器购置费）。

LLE 方法不需要贵重仪器与设备，一个酒样的一个处理需消耗有机溶剂约 8 元。

SPE 方法萃取时需使用固相萃取装置，约 6500 元；一支固相萃取柱（50mL，Chem Elut，美国 Varian 公司）约 64 元（一次性使用），一个酒样的一个处理易耗品成本约 70 元。

SLE 方法不需要贵重仪器与设备，一个酒样的一个处理易耗品成本约 8 元。

从四种萃取方法成本分析可以看出，SLE 方法是成本最低的分析方法。

综合以上分析，从准确度、精密度以及环保、经济的角度选择，葡萄酒中 EC 含量分析的萃取方法应选择 SLE 方法。因此应用 SLE 方法结合 GC/MS 分析的方法对我国葡萄酒中 EC 含量进行调查。

第二节　中国葡萄酒中 EC 含量的调查

一、葡萄酒样品

共收集了来自我国不同产区的 61 个干红和干白葡萄酒样品（表 6-2 和表 6-3）。

表 6-2　原酒酒样 EC 含量测定值

试验号	类别	品种	年份	酒精度/%（体积分数）	产地	生产厂家	EC 真实含量/（μg/L）	EC 潜在含量/（μg/L）
1	干白	霞多丽	2005	12	贺兰山东麓	广夏（银川）贺兰山酒业公司	4.3	68.8
2	干白	贵人香	2006	12	贺兰山东麓	广夏（银川）贺兰山酒业公司	5.1	91.5
3	干白	贵人香	2005	12	河北昌黎	红堡（秦皇岛）葡萄酿酒有限公司	3.6	
4	干白	贵人香	2006	12	河北昌黎	红堡（秦皇岛）葡萄酿酒有限公司	n.d.	
5	干白	霞多丽	2004	12	河北沙城	中法葡萄种植及酿酒示范农场	7.5	49.1
6	干白	霞多丽	2005	12	河北沙城	中法葡萄种植及酿酒示范农场	6.3	
7	干白	霞多丽	2003	12	新疆天池酒园	新天国际葡萄酒业有限公司	4.7	
8	干白	霞多丽	2004	12	新疆天池酒园	新天国际葡萄酒业有限公司	12.8	
9	干白	霞多丽	2005	12	新疆天池酒园	新天国际葡萄酒业有限公司	5.1	
10	干红	赤霞珠	1991	12	河北昌黎	中粮华夏长城葡萄酒有限公司	37.8	42.9
11	干红	赤霞珠	1992	12	河北昌黎	中粮华夏长城葡萄酒有限公司	44.7	54.3
12	干红	赤霞珠	1993	12	河北昌黎	中粮华夏长城葡萄酒有限公司	55.6	59.2
13	干红	赤霞珠	1994	12	河北昌黎	中粮华夏长城葡萄酒有限公司	42.0	53.6
14	干红	赤霞珠	1995	12	河北昌黎	中粮华夏长城葡萄酒有限公司	54.0	60.7
15	干红	赤霞珠	1996	12	河北昌黎	中粮华夏长城葡萄酒有限公司	75.6	79.9
16	干红	赤霞珠	2003	12	河北昌黎	中粮华夏长城葡萄酒有限公司	12.8	
17	干红	赤霞珠	2005	12	河北昌黎	中粮华夏长城葡萄酒有限公司	4.9	
18	干红	赤霞珠	2006	12	河北昌黎	中粮华夏长城葡萄酒有限公司	3.4	
19	干红	品丽珠	2003	12	新疆天池酒园	新天国际葡萄酒业有限公司	4.4	
20	干红	品丽珠	2004	12	新疆天池酒园	新天国际葡萄酒业有限公司	10.3	
21	干红	品丽珠	2005	12	新疆天池酒园	新天国际葡萄酒业有限公司	n.d.	
22	干红	梅辘辄	2005	12	新疆天池酒园	新天国际葡萄酒业有限公司	4.6	
23	干红	赤霞珠	2005	12	河北昌黎	贵州茅台酒厂（集团）昌黎葡萄酒业有限公司	5.8	

续表

试验号	类别	品种	年份	酒精度/%（体积分数）	产地	生产厂家	EC 真实含量/（μg/L）	EC 潜在含量/（μg/L）
24	干红	赤霞珠	2006	12	河北昌黎	贵州茅台酒厂（集团）昌黎葡萄酒业有限公司	3.7	48
25	干红	赤霞珠	2004	12	河北昌黎	昌黎越千年葡萄酿酒有限公司	17.9	
26	干红	赤霞珠	2005	12	河北昌黎	昌黎越千年葡萄酿酒有限公司	11.3	
27	干红	赤霞珠	2006	12	河北昌黎	昌黎越千年葡萄酿酒有限公司	10.6	57.2
28	干红	赤霞珠	2004	12	河北沙城	中法葡萄种植及酿酒示范农场	10.6	46.7
29	干红	赤霞珠	2005	12	河北沙城	中法葡萄种植及酿酒示范农场	5.7	
30	干红	赤霞珠	2004	12	河北沙城	河北怀来容辰葡萄酒有限公司	6.2	
31	干红	赤霞珠	2005	12	河北沙城	河北怀来容辰葡萄酒有限公司	7.8	
32	干红	赤霞珠	2006	12	河北沙城	河北怀来容辰葡萄酒有限公司	6.9	
33	干红	赤霞珠	2005	12	河北沙城	长城葡萄酒有限公司	4.7	
34	干红	赤霞珠	2006	12	河北沙城	中国长城葡萄酒有限公司	4.9	
35	干红	品丽珠	2006	12	河北昌黎	朗格斯酒庄	n.d.	
36	干红	三珠	2004	12	玉泉营	宁夏鹤泉葡萄酒有限公司	9.2	
37	干红	蛇龙珠	2006	12	山东烟台	烟台中粮葡萄酿酒有限公司	5.3	49.3
38	干红	蛇龙珠	2006	12	贺兰山东麓	广夏（银川）贺兰山酒业公司	n.d.	
39	干红	赤霞珠	2005	12	天津汉沽	天津孟庄园葡萄酿酒有限公司	4.2	
40	干红	赤霞珠	2006	12	贺兰山东麓	广夏（银川）贺兰山酒业公司	5.3	60.1
41	干红	解百纳	2001	12	河北昌黎	贵州茅台酒厂（集团）昌黎葡萄酒业有限公司	24.9	

表 6-3　成品酒样 EC 含量测定值

试验号	类别	酒　名	品种	年份	酒精度/%(体积分数)	产地	生产厂家	EC 真实浓度/(μg/L)
1	干白	水晶干白	水晶葡萄	2005	12	云南弥勒	云南高原葡萄酒有限公司	3.4
2	干白	贺兰山干白葡萄酒	霞多丽	2001	12	贺兰山东麓	广夏（银川）贺兰山酒业公司	4.2
3	干白	新天干白葡萄酒	雷司令	2004	12	新疆天池酒园	新天国际葡萄酒业有限公司	6.7
4	干白	法国野（云南红）	法国野	2003	12	云南弥勒	云南高原葡萄酒有限公司	13.9
5	干红	贺玉精品干红葡萄酒	三珠	2004	12	贺兰山东麓	宁夏鹤泉葡萄酒有限公司	9.5
6	干红	贺兰山蛇龙珠干红葡萄酒	蛇龙珠	1999	12	贺兰山东麓	广夏（银川）贺兰山酒业公司	3.4
7	干红	太阳魂干红葡萄酒	赤霞珠	2002	12	云南普者黑	云南太阳魂酒业有限公司	16.6
8	干红	汉森解百纳干红葡萄酒	三珠	2003	12	内蒙古乌海	内蒙古汉森葡萄酒业有限公司	7.5
9	干红	新天干红葡萄酒	赤霞珠	—	12	新疆天池酒园	新天国际葡萄酒业有限公司	22.9
10	干红	新天干红葡萄酒	赤霞珠	1999	12	新疆天池酒园	新天国际葡萄酒业有限公司	18.9
11	干红	丘比特干红葡萄酒	赤霞珠	1998	12	河北昌黎	秦皇岛丘比特葡萄酿酒有限公司	13.5
12	干红	神沟九寨干红葡萄酒	赤霞珠	2005	12	阿坝州小金县	九寨沟天然葡萄酒业有限责任公司	5.7
13	干红	地王干红葡萄酒	赤霞珠	1997	12	河北昌黎	河北昌黎地王酿酒有限公司	8.3
14	干红	茅台干红葡萄酒（珍藏）	解百纳	1998	12	河北昌黎	贵州茅台酒厂（集团）昌黎葡萄酒业有限公司	16.3
15	干红	华夏庄园	赤霞珠＋西拉	2004＋2005	13	河北昌黎	中粮华夏长城葡萄酒有限公司	28.6
16	干红	乡都·安东尼	赤霞珠	2005	12	新疆焉耆	中法合资新疆乡都酒业有限公司	17.3
17	干红	云南红	Rose Honey	2005	12	云南弥勒	云南高原葡萄酒有限公司	5.4
18	干红	贺兰晴雪	赤霞珠＋梅辘辄	2005	12	贺兰山东麓	宁夏贺兰晴雪酒庄有限公司	20.7
19	干红	李华干红	赤霞珠	2001	12	陕西杨凌	盛唐酒庄	17.9
20	干红	法国野（云南红）	法国野	2005	12	云南弥勒	云南高原葡萄酒有限公司	13.9

原酒：由中国各产区葡萄酒公司馈赠，样品由火车托运，存放于葡萄酒学院酒窖中。

成品酒：有一部分为 2006 年陕西杨凌举办的第二届“亚洲葡萄酒质量大赛”酒样。酒样存放于葡萄酒学院酒窖中。

二、检测方法

葡萄酒样品用 SLE 方法萃取，GC/MS 分析。萃取方法和分析方法参见第五章。

葡萄酒样品的潜在浓度的检测方法：葡萄酒样品在 71℃放置 48 h[60, 170]，然后用 SLE 方法萃取，GC/MS 分析。

三、中国葡萄酒中 EC 含量调查结果

对我国 41 个葡萄酒原酒样品和 20 个葡萄酒成品样品中 EC 含量进行检测，结果见表 6-2 和表 6-3。

四、中国葡萄酒中 EC 含量调查结果分析

(一) 中国葡萄酒中 EC 含量调查结果真实浓度分析

根据中国葡萄酒中 EC 含量调查结果，对葡萄酒中 EC 含量的真实浓度从不同的含量范围、葡萄酒品种、葡萄品种、产区、生产年份等角度进行分析，结果见表 6-4 至表 6-9。

表 6-4　葡萄酒中 EC 含量调查结果

EC 含量/（μg/L）	总样品			干红葡萄酒			干白葡萄酒		
	n	平均值±SD	n/N×100%	n	平均值±SD	n/N×100%	n	平均值±SD	n/N×100%
＜10	36	5.0±2.3	59.02	25	5.1±2.2	52.1	11	4.8±2.2	
10～30	19	16.6±5.0	31.15	17	11.5±5.3	35.4	2	13.4±0.8	
＞30	6	51.6±13.6	9.84	6	51.6±13.6	12.5	0	0	0

注：n 表示不同 EC 含量区域的样本容量；N 表示样本总容量；SD 表示标准差

表 6-5　葡萄酒样品中 EC 含量的次数分布表

组限/（μg/L）	组中值/（μg/L）	次数（f）	频率	累积频率
0～	2.5	18	0.3455	0.3455
5～	7.5	18	0.3091	0.6545
10～	12.5	9	0.1636	0.8182
15～	17.5	6	0.1091	0.9273
20～	22.5	3	0.0545	0.9818
25～	27.5	1	0.0182	1

表 6-6　干红、干白葡萄酒中 EC 含量的对比

EC 含量/（μg/L）	干红葡萄酒			干白葡萄酒		
	n	平均值±SD	*n*/*N*×100%	*n*	平均值±SD	*n*/*N*×100%
<15	32	6.6±3.6	76.19	13	6.1±3.8	100
15～30	10	20.5±8.2	23.81	0	—	—
<30	42	9.9±7.0	100	13	6.1±3.8	100

表 6-7　不同葡萄品种（赤霞珠）和（霞多丽）间葡萄酒样品中 EC 含量比较

EC 含量/（μg/L）	赤霞珠（*Cabernet Sauvignon*）			霞多丽（*Chardonnay*）		
	n	平均值±SD	*n*/*N*×100%	*n*	平均值±SD	*n*/*N*×100%
<15	19	7.0±3.5	76.00	7	6.4±3.0	100%
15～30	6	19.0±2.0	24.00	0	—	—
<30	25	9.8±6.1	100	7	6.4±3.1	100

表 6-8　不同年份生产的葡萄酒中 EC 含量的差异

EC 含量/（μg/L）	1997～2002 年		2003 年		2004 年		2005 年		2006 年	
	n	平均值±SD	*n*	平均值±SD	*n*	平均值±SD	*n*	平均值±SD	*n*	平均值±SD
<30	9	13.9 ± 7.2^{a}	5	8.7 ± 4.5^{ab}	9	10.2 ± 3.5^{bc}	19	7.2 ± 5.3^{bc}	11	4.6 ± 3.2^{c}

a，b，c 表示在 $P<0.05$ 水平上的显著性差异

表 6-9　不同产区间葡萄酒中 EC 含量的差异

EC 含量/（μg/L）	河北昌黎产区		河北沙城产区		贺兰山东麓产区		新疆天池酒园产区	
	n	平均值±SD	*n*	平均值±SD	*n*	平均值±SD	*n*	平均值±SD
<30	16	10.4 ± 8.4^{a}	9	6.7 ± 1.8^{a}	9	6.9 ± 5.9^{a}	10	9.2 ± 7.2^{a}

a 表示在 $P<0.05$ 水平上的显著性差异

由表中统计结果可以看出，我国干红、干白葡萄酒中 EC 含量较低，在调查的 61 个样品中，只有 9.84%样品高于加拿大的限制性标准，并且样品均来自干红葡萄酒，干白葡萄酒中没有超过加拿大限制性标准的样品。就 EC 含量而言，我国葡萄酒是比较安全的。从调查结果来看，超出加拿大限制标准的 6 个样品均出自 1997 年以前的产品，因此，根据我国葡萄酒生产实际情况，分析 1997～2006 年生产葡萄酒中 EC 含量的影响因素。

为制定我国葡萄酒中 EC 含量的限量标准指标建议值，有必要了解我国葡萄酒中 EC 浓度分布范围，因此对调查样品中 EC 含量数据绘制次数分布表(表 6-5)。

由表 6-5 中可以看出，浓度小于 15 μg/L 的样品含量累积频率达到 81.82%，表明我国 1997 年后生产的葡萄酒中绝大部分 EC 含量都可以低于 15μg/L，参照美国食品和药品管理局、美国葡萄酒研究所和美国酒商协会制定的有关葡萄酒中 EC 含量的非强制性标准（即 1988 年以后生产的佐餐葡萄酒的酒精度≤14%，体积分

数，EC 含量不能超过 15 μg/L）推荐 15 μg/L 为我国葡萄酒中 EC 含量限量标准建议值。建议设置为我国干红、干白葡萄酒中 EC 含量的限制性标准。

由表 6-6 中可以看出，干红葡萄酒中 EC 含量明显高出干白葡萄酒，这可能是因为，干红葡萄酒一般都要进行 MLF，而 MLB 的精氨酸代谢产生的瓜氨酸是葡萄酒中生成 EC 的主要前体物质之一。在小于 15 μg/L 浓度范围内，干红和干白葡萄酒 EC 含量没有显著性差异。

由表 6-7 中可以看出，不同葡萄品种酿造的葡萄酒中 EC 含量不同，赤霞珠酿造的干红葡萄酒中的 EC 含量明显高于霞多丽酿造的干白葡萄酒。这可能与葡萄的栽培管理有关，也可能与酿造工艺有关，具体还要根据成熟葡萄汁中精氨酸含量以及使用酿酒微生物的精氨酸代谢情况而定。另外，其他葡萄品种，如贵人香、蛇龙珠、品丽珠等酿造的葡萄酒中的 EC 含量均未超过 15 μg/L。

对 2003 年、2004 年、2005 年和 2006 年生产的葡萄酒中 EC 含量进行对比。由表 6-8 中可以看出，储藏时间对葡萄酒中 EC 含量有显著性影响。其中，2006 年酿造的葡萄酒中 EC 含量与 2006 年前酿造的葡萄酒有显著性差异，而 2003 年、2004 年和 2005 年的酒 EC 含量没有显著性差异，2003 年以前酿造的酒中 EC 含量与 2003 年酿造的酒没有显著性差异，但与 2004 年以后酿造的酒有显著性差异。显著性差异分析表明，随着储藏时间的延长，葡萄酒中会有更多的 EC 生成，但 EC 生成的量和储藏时间有关，在较低温度下储藏，EC 的生成比较缓慢。

由表 6-9 可以看出，不同产区之间生产的葡萄酒中 EC 含量没有显著性差异。葡萄酒中 EC 的生成受多方面因素的影响，但我国生产的葡萄酒在样品产地范围内含量均较低，且产地之间 EC 含量在 $P<0.05$ 水平上没有显著性差异，表明设置 15 μg/L 为我国葡萄酒中 EC 含量限量标准建议值不受葡萄酒产地限制。

（二）中国葡萄酒中 EC 含量调查结果潜在浓度分析

葡萄酒中 EC 的生成与两种重要的前体物质——尿素和瓜氨酸有关，尿素与瓜氨酸与乙醇自发反应生成 EC 的量随着储存时间的延长和储存温度的升高而增加，因此，对部分原酒样品中 EC 含量的潜在浓度进行了检测，表 6-10 为对 1991～1996 年中粮华夏长城葡萄酒有限公司生产的单品种赤霞珠葡萄酒的潜在浓度进行的检测。

表 6-10　1991～1996 年赤霞珠葡萄酒中 EC 含量

EC 含量/（μg/L）	1991 年	1992 年	1993 年	1994 年	1995 年	1996 年
真实浓度	37.8 ± 2.0^a	44.7 ± 2.3^a	55.6 ± 2.5^a	42.0 ± 1.7^a	54.0 ± 2.8^a	75.6 ± 3.1^a
潜在浓度	42.9 ± 1.8^b	54.3 ± 3.0^b	59.2 ± 2.2^b	53.6 ± 3.0^b	60.7 ± 2.0^b	79.9 ± 2.7^b

a，b 表示在 $P<0.05$ 水平上的显著性差异

由表 6-10 可以看出，1991～1996 年生产的赤霞珠干红葡萄酒中 EC 含量的真实浓度和潜在浓度存在显著性差异。表明随着储藏时间的延长，EC 的生成量逐渐增加。Daudt 等[146]研究表明，新葡萄酒中尿素含量达 100 mg/L 时，在 71℃下保持 4 个月，EC 的生成量会达到最大值。但一般情况下，在葡萄酒酿造和储存运输等情况下，是达不到这样的条件的。EC 的生成与许多因素有关，为有效降低我国葡萄酒中 EC 潜在浓度，其影响因素与具体生成量的函数关系还需进一步研究。

另外，对其他几个酒样也进行了潜在浓度含量的测定（表 6-2），结果表明，我国葡萄酒中潜在浓度的含量均超过了加拿大规定的干红、干白葡萄酒中真实浓度的限制性含量，因此，还需采取强有力措施降低我国葡萄酒中 EC 的潜在含量，以建立我国葡萄酒中 EC 质量控制的 HACCP 系统，把我国葡萄酒中潜在 EC 浓度降至 10 μg/L 以下。

第三节 研 究 小 结

通过对 LLE、SPE、SPME 和 SLE 四种萃取方法从方法的精密度、准确度及检出限、有机溶剂用量和萃取成本等方面的分析可以得出，LLE 方法不需要贵重仪器，但方法的精密度、准确度较差，检出限较高，并且有机溶剂需要量较多，不适合选为葡萄酒中 EC 含量检测的标准方法；SPME 方法不需要萃取溶剂，是一种环保的样品前处理方法，但由于萃取头固定相的吸附能力随着使用次数的增加迅速下降，方法的精密度和准确度较差，另外，方法的检出限较高，不适合选择为葡萄酒中 EC 含量的检测方法。SPE 和 SLE 方法的精密度和准确度较高，检出限较低，是分析葡萄酒中 EC 含量较佳的前处理方法。但 SPE 和 SLE 两种方法相比，SLE 方法的精密度和准确度更高，并且方法成本最低，因此，选择 SLE 为检测葡萄酒中 EC 含量的标准方法，并且用此方法结合 GC/MS 对我国 61 个葡萄酒样品中 EC 含量进行检测。

对我国 61 个葡萄酒样品中 EC 含量真实浓度检测结果表明，有 81.82%的葡萄酒样品中 EC 含量低于 15 μg/L，因此推荐 15 μg/L 为我国葡萄酒中 EC 含量限量标准建议值。

通过对我国 61 个葡萄酒样品中 EC 含量真实浓度检测结果分析可知，干红葡萄酒中 EC 含量高出干白葡萄酒，在小于 15 μg/L 浓度范围内，干红和干白葡萄酒 EC 含量没有显著性差异；不同产区之间生产的葡萄酒中 EC 含量没有显著性差异；储藏时间对 EC 的含量有显著性差异。

对部分原酒样品中 EC 含量进行潜在浓度的检测，结果表明，EC 含量的潜在浓度均超过了加拿大的限制性标准 30 μg/L。表明我国还应采取有效措施降低葡萄酒中 EC 的潜在含量，以切实有效地保护我国消费者利益。

第七章　葡萄汁中 L-精氨酸含量检测

L-精氨酸是葡萄汁中含量最丰富的氨基酸之一，近年来的研究表明，葡萄汁中 L-精氨酸的含量和葡萄酒中 EC 的浓度有显著的相关性。Ough 等[171]的研究报道，如果葡萄汁中精氨酸的含量超过 1000 mg/L，其酿造的葡萄酒中 EC 的潜在含量就有可能超过美国对葡萄酒中 EC 的限定含量 15 μg/L。因此，为保证葡萄酒饮用安全性，对葡萄汁中 L-精氨酸的检测是实现葡萄酒工业中 EC 的 HACCP 控制的重要内容之一。建立简便、快速、灵敏的葡萄酒和葡萄汁中精氨酸含量的检测方法，对葡萄酒生产企业采取措施降低葡萄酒中 EC 的含量有着重要的实践意义。

目前，有文献报道的精氨酸的检测方法有 HPLC[131,172,173]、氨基酸分析仪（GB 12292—90）及毛细管电泳技术[174]等，但这些方法耗时长，且仪器价格昂贵，不适合葡萄酒生产者的应用。Bathl 等[175]报道用薄层色谱方法分析精氨酸，但此方法精密度和准确度较低，也不适合精氨酸的定量检测。Austin 等[176, 177]报道葡萄汁中精氨酸经离子交换柱（500mg Varian Bond Elut LRC）分离提取后，以 NOPA（nitrogen by *o*-phthaldialdehyde）试剂对洗脱液中的精氨酸进行检测。但所用离子交换柱处理样品量较少，且 NOPA 分析法对精氨酸分析的特异性较差。而坂口反应（Sakaguchi reaction）是精氨酸胍基的特征反应，反应极为灵敏，可用来定性和定量鉴定精氨酸。Gilboe 和 Williarn[178]、Micklus 和 Stein[179]、Yamasaki 等[180]以及 Sastry 和 Tummuru[181]等分别报道 8-羟基喹啉、*α*-萘酚、*p*-硝基苯基乙二醛和百里酚等可以作为坂口试剂来检测蛋白质分解物中的精氨酸，在作者的预试验中，8-羟基喹啉作为显色剂，其摩尔吸光系数高，反应灵敏，为最佳的坂口试剂。

葡萄汁成分复杂，不能直接利用坂口试剂测定其中的精氨酸的含量，因此，检测之前必须对精氨酸进行分离提取。氨基酸是两性电解质，在低于等电点 pH 范围，以形成阳离子为主，被阳离子交换树脂吸附；在高于等电点 pH 范围，以形成阴离子为主，被阴离子交换树脂吸附。中性氨基酸被阳离子交换树脂吸附比被阴离子交换树脂吸附容易，因为这些氨基酸的羧基比氨基离解强，在平衡溶液中，氢离子和氨基酸阳离子浓度比氢氧根离子和氨基酸阴离子浓度大得多。酸性氨基酸强烈地被阴离子交换树脂吸附，而碱性氨基酸强烈地被阳离子交换树脂吸附。氨基酸的等电点越高对阳离子交换树脂的亲和力越强。精氨酸的等电点为 10.76，是葡萄汁中所含氨基酸等电点最高的一种碱性氨基酸。在酸性溶液中，精氨酸强烈地被阳离子交换树脂吸附[182]，732 离子交换树脂为强酸型，其交换基团为磺酸基—SO_3，在接近中性时完全电离，L-精氨酸在树脂上的吸附反应如下式：

$$2R-SO_3+Arg^{2+} \longrightarrow (R-SO_3)_2Arg \quad (7\text{-}1)$$

$$R-SO_3+Arg^{+} \longrightarrow R-SO_3Arg \quad (7\text{-}2)$$

从吸附反应式可见，L-精氨酸在树脂上的吸附率主要取决于精氨酸的两种阳离子的浓度，即取决于 L-精氨酸的电离程度。L-精氨酸在不同的 pH 条件下可离解成 Arg^{2+}、Arg^{+}、$Arg^{\pm}$、Arg^{-}4 种离子[183]。

在 L-精氨酸溶液中，当 pH 在 12.48～14.0 范围内，以 Arg^{-}状态存在；当 pH 在 9.04～12.48 范围内，主要以 $Arg^{\pm}$状态存在；当 pH 在 2.17～9.04 范围内，主要以 Arg^{+}状态存在；当 pH 在 0～2.17 范围内，以 Arg^{2+}状态存在。因为只有当 pH 在低于等电点时溶液中才有反离子存在，所以在进行离子交换时溶液的 pH 必须低于等电点，才有精氨酸离子被吸附。

因此，可以用强阳性离子交换树脂分离提取葡萄汁中的精氨酸。然后用碱性溶液洗脱，测定洗脱液中精氨酸的含量，可消除葡萄汁中其他成分对精氨酸测定的影响，进而得出葡萄汁中精氨酸的含量。

本书研究的目的是用强阳性离子交换树脂分离提取精氨酸，依据坂口反应原理，以 8-羟基喹啉的次溴酸钠溶液为显色剂，检测洗脱液中精氨酸的含量，从而得出葡萄汁中精氨酸的含量，以建立适用于葡萄种植者和葡萄酒生产厂家用于检测葡萄汁中精氨酸的含量的方法。

第一节　研究方法概述

一、仪器

UV-1700 紫外分光光度计，日本岛津。其他均为实验室常用仪器。

二、试剂

L-精氨酸：西安润德试剂有限公司，纯度≥99%。

离子交换树脂：国产 732 型强阳性离子交换树脂，国药集团化学试剂有限公司。

8-羟基喹啉：Sigma 公司，H6878。

NaOH、溴水、尿素等均为国产分析纯。

三、试验方法

（一）模式葡萄汁溶液的配制[172]

果糖 11 g，葡萄糖 11 g，酒石酸 600 mg，苹果酸 300 mg，柠檬酸 50 mg，儿茶酸 30 mg，氯化钾 200 mg，精氨酸 100 mg，组氨酸 25 mg，丙氨酸 13 mg，赖

氨酸 11 mg，谷氨酸 9 mg，丝氨酸 7 mg，用蒸馏水定容至 100 mL。

（二）坂口试剂显色液的配制[178，184]

8-羟基喹啉溶液：准确称取 8-羟基喹啉 0.2 g，溶于 95%的乙醇中，定容至 100 mL，配成 0.2%的 8-羟基喹啉乙醇溶液。用时以蒸馏水稀释至合适的浓度。

次溴酸钠溶液：准确吸取 0.68 mL 纯溴水溶于 100 mL 5%的 NaOH 溶液中，配制成 2%的次溴酸钠溶液，用棕色试剂瓶于冷暗处保存，用时以 5%的 NaOH 溶液稀释至合适的浓度。

（三）精氨酸标准溶液的配制

精氨酸标准储备液：准确称取 100 mg L-精氨酸，加蒸馏水配制成 1.0 mg/mL 的精氨酸储备液。

精氨酸标准溶液：准确吸取精氨酸标准储备液，加蒸馏水分别配制成 2 μg/mL、4 μg/mL、6 μg/mL、8 μg/mL、10 μg/mL 和 12 μg/mL 的精氨酸标准溶液。

（四）标准曲线的绘制

准确吸取精氨酸标准溶液和对照（蒸馏水）各 5.0 mL 分别置于已编号的试管中，加入 1.0 mL 8-羟基喹啉溶液和 1.0 mL 10%的 NaOH 溶液，摇匀，置于冰水浴中，10 min 后加入 0.5 mL 冷次溴酸钠溶液，摇匀，反应 1 min，溶液呈铁红色，迅速加入 40%尿素 1.0 mL，摇匀，用分光光度计进行比色测定，根据精氨酸标准溶液的浓度和 OD 值绘出标准曲线，并计算出标准曲线的回归方程。

（五）缓冲液的配制[176]

葡萄汁成分复杂，用不同 pH 的缓冲液对上样的树脂柱进行冲洗，洗脱掉不被树脂吸附的色素、糖类等大分子以及吸附能力弱的物质，以减少这些物质对洗脱液中精氨酸测定时的影响。试验采用蒸馏水和 pH 为 8.0、9.0 的硼酸缓冲液进行冲洗。

缓冲液配制方法如下：

A 液：0.05 mol/L 的硼砂——称取硼砂 19.07 g，用蒸馏水定容至 1000 mL。

B 液：0.2 mol/L 的硼酸——称取硼酸 12.37g，用蒸馏水定容至 1000mL。

pH＝8.0 的硼酸缓冲液：30 mL A 液＋70 mL B 液。

pH＝9.0 的硼酸缓冲液：80 mL A 液＋20 mL B 液。

（六）精氨酸的分离提取[185-187]

通过对四个生产厂家的强阳性离子交换树脂的吸附特性比较，国药化学试剂有限公司的 732#（001×7）的树脂的静态吸附量最大且达吸附平衡的时间最短。新树脂使用前先用蒸馏水漂洗至澄清，然后用 2 mol/L 的 NaOH 溶液浸泡三次，每次 4h，用水洗至中性，再用 2 mol/L 的 HCl 溶液处理三次，每次 4h，用蒸馏水洗至中性。树脂再生用 2～3 倍容量的 2 mol/L 的 HCl 溶液浸泡 5h，用蒸馏水洗至中性。树脂在中性条件下保存和使用。

取一定量的处理好的树脂，装入玻璃色谱柱，加入待分离样品，用一定 pH 的缓冲液淋洗，然后加入 1 mol/L 的 NaOH 溶液洗脱，用坂口试剂检测洗脱液无颜色反应，停止洗脱。

（七）树脂的静态吸附量[188]

取 5g 处理好的树脂，加入三角瓶中的一种，然后加入 pH 2.0 的模式葡萄汁溶液 15 mL，置于 20℃震荡恒温水槽中，不同的时间段取水相测定精氨酸含量，计算树脂的静态吸附量。

$$\text{静态吸附量（mg/g）}=\frac{(C_0-C)V}{m} \tag{7-3}$$

式中，C_0 为吸附前葡萄汁模式溶液中精氨酸的质量浓度（mL）；C 为吸附后模式溶液中精氨酸的质量浓度（μg/L）；V 为模式溶液的体积（mL）；m 为树脂的质量（g）。

（八）葡萄汁样品的储藏及处理

葡萄样品均为我国各产区 2006 年采摘的新鲜葡萄。葡萄采摘后放于−22℃冰箱中保存，试验用葡萄汁为葡萄榨汁后离心，取其上清液。试验所用葡萄样品详细信息见表 7-1。

表 7-1　试验用葡萄样品信息

样品	产地	品种	卫生状况
1	杨凌	爱格丽	无破损
2	杨凌	蛇龙珠	无破损
3	杨凌	霞多丽	无破损
4	杨凌	品丽珠	无破损
5	杨凌	黑比诺	无破损
6	宁夏	霞多丽	无破损
7	宝鸡	赤霞珠	无破损
8	耀县	赤霞珠	无破损

四、数据处理

采用 DPSv7.55 数据处理软件对试验数据的方差显著性进行分析。

第二节 坂口反应工艺参数优化

一、测定波长的选择

根据第一节三、试验方法中（四）标准曲线的绘制，用UV-1700型分光光度计对精氨酸与显色液的铁红色反应液进行多波长测定，如图7-1所示，在500 nm处吸光值最大，因此，以500 nm作为反应液的测定波长。

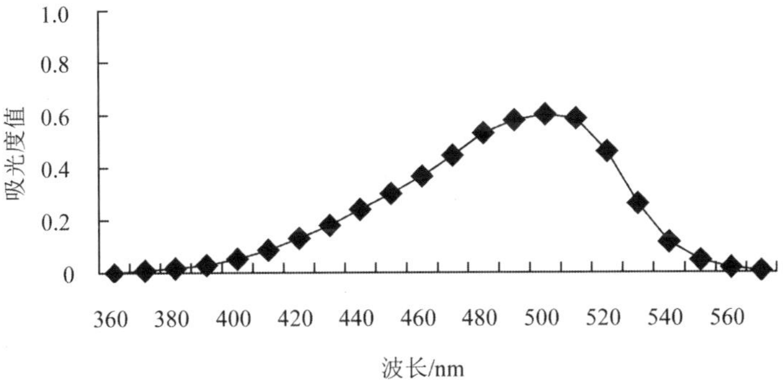

图7-1 反应液的多波长测定结果

二、8-羟基喹啉浓度和次溴酸钠浓度对标准曲线的影响

显色产物的OD值受8-羟基喹啉和次溴酸钠溶液浓度的影响，依据OD值较大且显色产物较稳定的原则来确定最佳的8-羟基喹啉浓度和次溴酸钠的浓度。

标准溶液的OD值与标准曲线回归方程的斜率具有相关性，即精氨酸标准溶液的OD值越大，标准曲线的斜率也越大。因此，为了便于分析8-羟基喹啉和次溴酸钠浓度对标准溶液OD值的影响，本试验以标准曲线回归方程斜率的变化表示标准溶液OD值的变化。在预试验的基础上，对不同浓度的8-羟基喹啉和次溴酸钠溶液作全因子正交试验，因素水平见表7-2。

表7-2 8-羟基喹啉和次溴酸钠浓度因素水平表 L_9（3^4）

水平	因素			
	A（次溴酸钠浓度%）	*B*（8-羟基喹啉浓度%）	*C*（空列）	*D*（空列）
1	0.2	0.01		
2	0.3	0.02		
3	0.4	0.03		

不同浓度的次溴酸钠和8-羟基喹啉溶液与精氨酸标准溶液反应，标准曲线回

归方程的相关系数均在 0.9995 以上。正交试验结果见表 7-3。

表 7-3　正交试验结果分析

实验号	A	B	C	D	标准曲线回归方程斜率		
1	1（0.2）	1（0.01）	1	1	0.04915	0.04823	0.04858
2	1	2（0.02）	2	2	0.03926	0.03871	0.04005
3	1	3（0.03）	3	3	0.02046	0.02154	0.02072
4	2（0.3）	1	2	3	0.07290	0.07177	0.07202
5	2	2	3	1	0.08108	0.08018	0.08175
6	2	3	1	2	0.02678	0.02593	0.02692
7	3（0.4）	1	3	2	0.07680	0.07545	0.07532
8	3	2	1	3	0.08373	0.08415	0.08299
9	3	3	2	1	0.07404	0.07279	0.07367
T_1	0.3267	0.5903	0.4765	0.6095	T: 1.5650		
T_2	0.5393	0.6119	0.5552	0.4253			
T_3	0.6990	0.3629	0.5333	0.5303			
T_1 平均数	0.0363	0.06558	0.05294	0.06772			
T_2 平均数	0.05993	0.06799	0.06169	0.04725			
T_3 平均数	0.07766	0.04032	0.05926	0.05892			
R	0.04136	0.02767	0.00875	0.02047			

由表 7-3 直观分析可知，极差为 $A>B>D>C$。对正交试验结果进行方差分析，结果见表 7-4。

表 7-4　正交试验结果方差分析

变异来源	SS	df	MS	F	F_α
A	0.00775	2	0.00388	194.0**	$F_{0.05}$（2，20）
B	0.00423	2	0.00211	105.5**	=3.49
C	0.00037	2			$F_{0.01}$（2，20）
D	0.00190	2	0.00038	19.0**	=5.85
试验误差	0.00001	18			
合并误差	0.00038	20	0.00002		
总变异	0.01426	26			

**为 $P<0.01$，表示为极显著

方差分析时，C 列平方和远远小于其他三列，因此方差分析时把其平方和和自由度与误差相的平方和和自由度合并，作为试验误差平方和的估计值。根据直观分析结果，最佳参数组合为 A_3B_2。由方差分析结果可知，因素 A 和 B 均为极显著因素，D 列为交互作用项，也为极显著因素，因此 A_3B_2 应为较优组合，即次溴酸钠浓度为 0.4%，8-羟基喹啉浓度为 0.02%，其两者也存在交互作用。试验中该处理的标准曲线回归方程斜率为 0.08362±0.00059。

另外，由表 7-3 可以得知，次溴酸钠的最佳浓度为 A_3（0.4%），在试验中发现，次溴酸钠的浓度若高于 0.4%，显色产物非常不稳定，标准曲线回归方程的决定系数小于 0.98，这可能是因为次溴酸钠过量，迅速破坏精氨酸和 8-羟基喹啉形成的醌式显色产物，而不能达到定量检测精氨酸的目的。因此，次溴酸钠的浓度不宜超过 0.4%。

根据以上分析可知，次溴酸钠和 8-羟基喹啉的最佳反应浓度为：次溴酸钠浓度为 0.4%，8-羟基喹啉浓度为 0.02%。此条件下标准曲线回归方程为

$$y=0.0837x-0.0053 \quad (7\text{-}4)$$

$$R^2=0.9997$$

三、NaOH 浓度对检测的影响

8-羟基喹啉的次溴酸钠溶液和精氨酸的反应在碱性条件下进行（检测时加入 10%NaOH 溶液），而葡萄汁中精氨酸经离子交换树脂吸附后以碱液洗脱，因此检测洗脱液中精氨酸浓度时 NaOH 浓度可能会发生变化，因此研究 NaOH 浓度对吸光度值的影响，以避免洗脱液中碱含量过高而干扰检测结果。根据本章第一节中试验方法，改变 NaOH 浓度，再根据精氨酸标准溶液的浓度和显色产物 OD 值绘出标准曲线。结果表明，NaOH 浓度在 10%和 14%浓度范围内，标准曲线斜率没有显著性差异，但浓度降为 8%时，显色产物吸光度值较不稳定，且标准曲线回归方程线性较差。因此，在检测洗脱液中精氨酸浓度时，根据稀释倍数加入 NaOH 溶液。一般情况下，检测洗脱液中精氨酸时，本章第一节试验方法中参数修正为：洗脱液稀释 2 倍，检测时不加 NaOH 溶液，洗脱液稀释 5 倍以上，加入 10%的 NaOH 溶液 1.0 mL。

四、稳定性试验

在过量次溴酸钠缓慢的作用下，显色产物的醌式结构发生变化，引起颜色的消失，因此显色产物不稳定是坂口反应最大的缺点之一。本试验采取反应在冰水浴中进行，且完全反应后立即加入尿素，延缓退色，而达到定量检测的目的，为了验证方法的可行性，对方法的稳定性进行试验。按照本章第一节中试验方法，在不同时间间隔测定标准精氨酸浓度为 8.0μg/mL 的吸光度值，结果如图 7-2 所示。

由图 7-2 可以看出，2 min 内显色产物的吸光度值没有显著性差异（$P<0.05$），2 min 以后，吸光度值开始下降，放置 10 min 时，吸光度值下降了 5.55%。由此可见，尿素的加入延迟了退色，但不能阻止显色产物与次溴酸钠的反应。加入尿素后在 2 min 内读数，吸光度值比较稳定，可以得到定量检测精氨酸的目的。

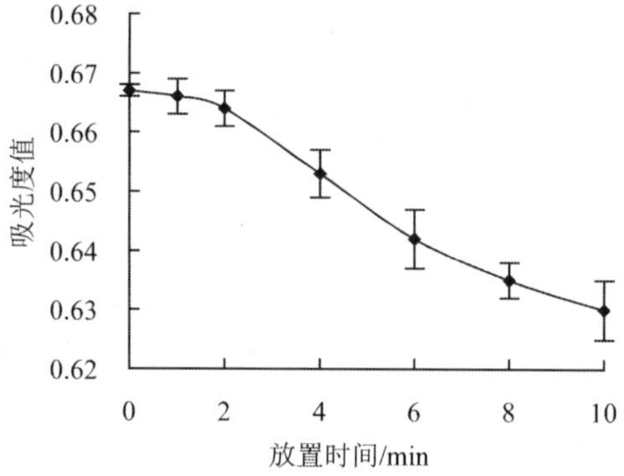

图 7-2　不同时间间隔反应液的吸光度值（$n=4$）

第三节　强阳性离子交换树脂分离提取精氨酸的工艺参数优化

一、强阳性离子交换树脂对精氨酸的静态吸附试验

根据方法中树脂的静态吸附量，对离子交换树脂的吸附量进行试验（图 7-3）。静态吸附结果表明，在吸附 20 min 时，树脂达到最大吸附量（0.683±0.020）mg/g。根据最大吸附量，模式葡萄汁溶液上样量取为 10.0 mL，所需树脂量为 16 g。

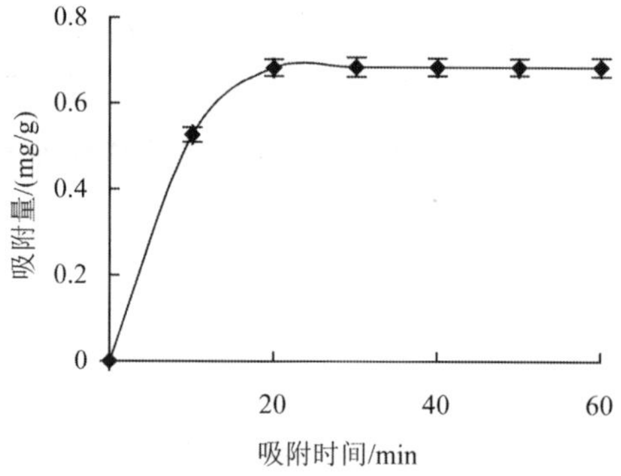

图 7-3　732#离子交换树脂对精氨酸的静态吸附曲线（$n=4$）

二、上样液 pH 对吸附的影响

取模式葡萄汁溶液 15.0 mL，置入 150 mL 三角瓶中，然后加入 5.0 g 预处理好的 732#树脂，将三角瓶置于 95 r/min 的振荡器上，使树脂吸附精氨酸，考查溶液 pH1.0～5.0 范围内树脂对精氨酸的吸附量（图 7-4）。

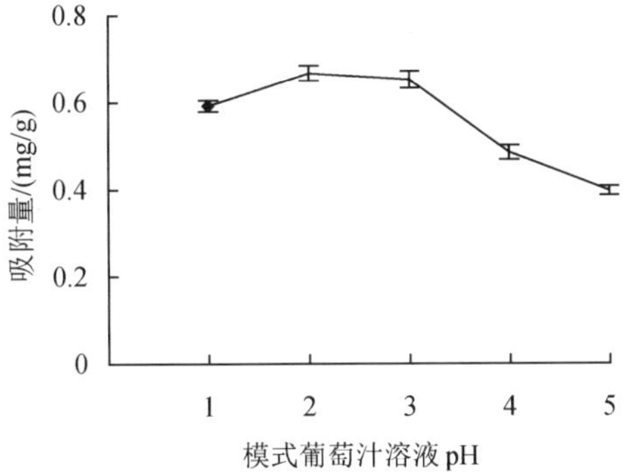

图 7-4　pH 对吸附量的影响（$n=4$）

由图 7-4 可知，当模式溶液 pH 从 1.0 升至 2.0，树脂的吸附量逐渐增加，而当 pH2.0 升至 5.0 时，树脂的吸附量又逐渐降低，在 pH2.0 时，树脂吸附量达最大。

这可能是因为高价态的反离子在离子交换过程总是具有较高的选择性，因此在较低的 pH 范围内二价精氨酸离子的存在更有利于提高 L-精氨酸的吸附率。溶液 pH 为 1.0 时，溶液中精氨酸主要以 Arg^{2+}存在，Arg^{2+}的选择性系数比 Arg^{+}大得多，树脂会优先吸附 Arg^{2+}，而且 Arg^{2+}对溶液中其他一价和二价阳离子的竞争作用居优势。但如果吸附的离子都是 Arg^{2+}，树脂就必须有两个交换基团与一个 Arg^{2+}结合，这样势必会使交换容量降低，同时，pH 为 1.0 时，溶液中增加的 H^{+}与 Arg^{2+}竞争作用也增加，使得树脂的交换容量下降；模式葡萄汁溶液的 pH 为 2.0 和 3.0 时，溶液中精氨酸主要以 Arg^{2+}和 Arg^{+}两种离子状态存在，因此，树脂的交换容量较高。根据不同 pH 树脂对精氨酸的吸附量的比较可知，上柱模式葡萄汁溶液的 pH 保持在 2.0 最合适。

三、不同缓冲液冲洗的影响

由图 7-5 可知，用蒸馏水和 pH 为 8.0 的缓冲液冲洗时，大约 0.5%的精氨酸被冲洗掉，而用 pH 为 9.0 的缓冲液冲洗时，大约 2%的精氨酸被冲洗掉。Austin 等[176]用阳离子树脂交换柱（500mg Varian Bond Elut LRC）分离葡萄汁模式溶液中精氨酸时，pH 8.1 的硼酸缓冲液冲洗掉 5%的精氨酸，pH 8.2 的硼酸缓冲液冲洗掉 15%的精氨酸。很显然，用 732#阳离子交换树脂分离提取精氨酸，以蒸馏水和 pH 8.0 的硼酸缓冲液冲洗时，精氨酸损失较小。

另外，蒸馏水和缓冲液可以冲洗掉色素、糖类等大分子吸附能力弱的物质以及中性和酸性氨基酸，但是部分组氨酸（pI=7.6）和赖氨酸（pI=9.7）等碱性氨基酸仍被树脂吸附。Sastry 和 Tummuru[181]报道葡萄汁中组氨酸和赖氨酸的含量范围不会干扰精氨酸的分析。因此，选用蒸馏水对上样后的树脂柱进行冲洗。

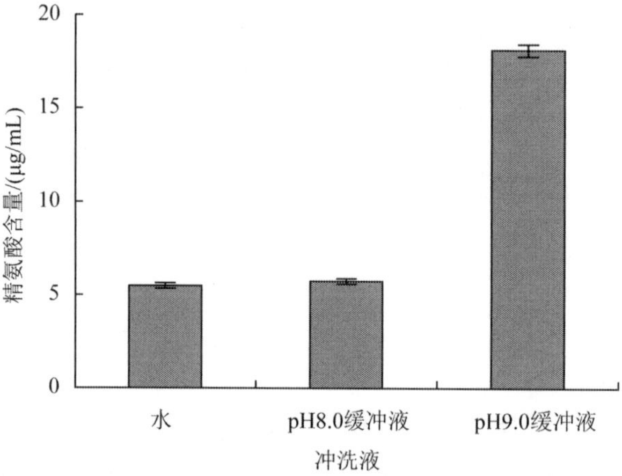

图 7-5 冲洗缓冲液中精氨酸的浓度（n=4）

四、不同 NaOH 浓度洗脱曲线

对于阳离子交换树脂，常用洗脱剂有 NaOH 和氨水，据报道，氨对坂口反应方法会产生干扰[94]，因此试验中以 NaOH 溶液为洗脱剂。

取预处理好的树脂 16 g 装柱，模式葡萄汁溶液的上样量为 10 mL，以蒸馏水冲洗树脂柱，直至冲洗液的 pH 不发生变化。分别以 1.0 mol/L 和 2.0 mol/L 的 NaOH 洗脱，检测洗脱液中精氨酸的含量，洗脱曲线如图 7-6 所示。

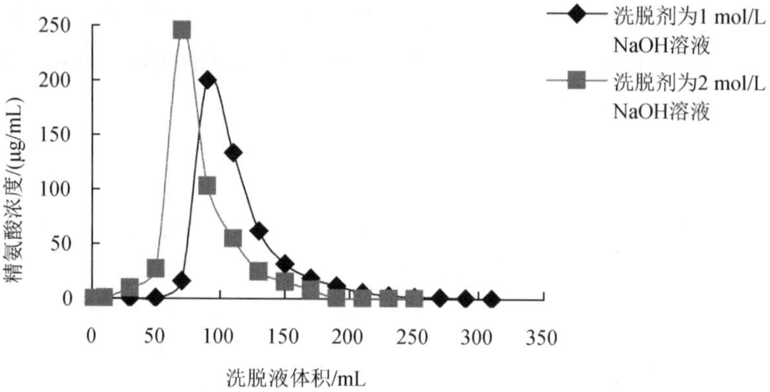

图 7-6 不同 NaOH 浓度的洗脱曲线

由图 7-6 可知，用 1 mol/L 的 NaOH 洗脱时，NaOH 用量为 290～310 mL 时，回收率为 97.7%；而用 2 mol/L NaOH 的洗脱时，NaOH 用量为 230～250mL 时，回收率为 98.3%。尽管用 1mol/L NaOH 洗脱回收率比 2 mol/L NaOH 低 0.5%，基于试验成本和碱液对环境的污染，选择 NaOH 的洗脱浓度为 1 mol/L，洗脱液用量大约为 310 mL。

第四节 葡萄汁中精氨酸含量的测定

将葡萄汁离心，取上清液，调整其 pH 为 2.0，准确量取待测样品 10.0 mL，装入离子交换柱，用蒸馏水淋洗，然后用 1.0 mol/L NaOH 洗脱。在洗脱量约为 290 mL 时，用坂口试剂检测洗脱液的颜色反应，无颜色反应时停止洗脱。用坂口试剂检测洗脱液中精氨酸的含量，根据稀释倍数和洗脱液的体积计算精氨酸的含量，结果见表 7-5。

表 7-5 葡萄汁中精氨酸含量测定结果（n=4）

样品	测定值/（μg/mL）	RSD/%	加标量/（μg/mL）	加标测定值/（μg/mL）	回收率/%
1	633.3±10.0	1.58	600	1186.0±23.2	92.1
2	736.3±11.0	1.50	800	1471.8±23.4	91.9
3	1148.9±25.0	2.17	1000	2094.9±40.1	94.6
4	939.3±20.2	2.15	1000	1875.6±30.5	93.6
5	1314.1±24.0	1.77	1500	2824.5±52.5	100.7
6	751.8±8.5	1.13	800	1520.8±35.4	96.1
7	595.1±10.7	1.80	600	1153.2±23.1	93.0
8	269.2±6.5	2.42	300	530.2±12.3	87.0

从以上数据可以看出，八个样品的相对标准偏差（RSD）在 1.13%～2.42%范围内，说明该方法的精密度是比较高的。该方法测定八个样品中 L-精氨酸含量的回收率在 87.0%～100.7%，方法的准确度较高，说明此方法能满足葡萄汁中 L-精氨酸含量测定要求。

对样品中 $1^{\#}$、$2^{\#}$、$3^{\#}$和 $4^{\#}$葡萄汁进行酿酒试验，然后检测发酵结束后的葡萄酒中 EC 的含量（葡萄酒中 EC 含量检测方法参考附录 1），结果见表 7-6。

表 7-6 $1^{\#}$～$4^{\#}$葡萄汁酿造葡萄酒中 EC 含量检测结果

样品	葡萄汁中精氨酸/（μg/mL）	葡萄酒中 EC 真实浓度/（μg/L）	葡萄酒中 EC 潜在浓度/（μg/L）
1	633.3±10.0	n.d.	39.8±2.7
2	736.3±11.0	n.d.	47.7±2.5
3	1148.9±25.0	n.d.	75.6±4.0
4	939.3±20.2	n.d.	68.2±3.2

注：n.d.为未检出

从表 7-6 中可以看出，不同产地、不同品种葡萄的葡萄汁中精氨酸的含量差别很大，这可能与葡萄品种、施肥、栽培及管理方式有关[78,126,131]。由表 7-6 可知，葡萄汁中精氨酸含量不同，葡萄酒中 EC 的潜在含量亦不同。3#样品中精氨酸含量最高，其酿造的葡萄酒中 EC 潜在浓度也最高，达（75.6±4.0）μg/L；1#样品中精氨酸含量最低，其酿造的葡萄酒中 EC 潜在浓度也最低，为（39.8±2.7）μg/L。对表 7-6 中葡萄汁精氨酸含量与相应葡萄酒中 EC 含量进行相关分析，两者相关的线性回归方程为

$$y=0.0722x-4.4268 \quad (R^2=0.9590) \tag{7-5}$$

由此可知，葡萄汁中精氨酸的浓度与葡萄酒中 EC 含量具有极大的相关性，相关系数达 0.9590。因此，对葡萄汁中 L-精氨酸进行检测是实现葡萄酒工业中 EC 含量的 HACCP 控制的关键点之一。

第五节　验证性试验

根据 GB 12292—90，用氨基酸分析仪对方法的准确性进行确认性试验，对同一葡萄汁样品用氨基酸分析仪进行游离氨基酸分析，结果表明，本试验建立的方法和氨基酸分析仪测定的结果在 $P<0.05$ 水平上没有显著性差异，说明建立的方法准确、可靠（表 7-7）。与 HPLC 及毛细管电泳技术相比，建立的方法不需复杂的样品前处理与衍生化过程，因此，此检测方法简便、快捷，适合葡萄酒工业中对葡萄汁中精氨酸含量的检测，进而对葡萄酒中 EC 含量进行质量控制。

表 7-7　方法的验证性 8BD5 验（$n=4$）

样品	732#树脂分离提取，坂口反应检测精氨酸/（μg/mL）	氨基酸分析仪方法/（μg/mL）
1	633.25±10.03^a	642.42±8.25^a
2	736.28±11.01^a	732.83±9.23^a
3	1148.90±24.98^a	1131.63±15.89^a
4	939.32±20.15^a	930.49±16.78^a

a 表示试验数据在 $P<0.05$ 水平上的显著性差异

第六节　研 究 小 结

（1）8-羟基喹啉的次溴酸钠溶液检测葡萄汁中精氨酸含量的最佳条件为：取 16 g 经预处理的 732#离子交换树脂装入玻璃离子色谱柱；将葡萄汁离心，取上清液，调整其 pH 为 2.0，准确量取待测样品 10.0 mL，装入离子交换柱，用蒸馏水

淋洗，然后用 1 mol/L NaOH 洗脱。在洗脱量约为 300 mL 时，用坂口试剂检测洗脱液的颜色反应，无颜色反应时停止洗脱。准确吸取经适当稀释的洗脱液（精氨酸含量为 1.5～12 μg/mL）5.0 mL 置于试管中，加入 1.0 mL 0.02%的 8-羟基喹啉溶液和 1.0 mL 10%的 NaOH 溶液，摇匀，置于冰水浴中，10 min 后加入 0.5 mL 0.4%的冷次溴酸钠溶液，摇匀，反应 1 min，溶液呈铁红色，迅速加入 40%尿素 1.0 mL，摇匀，用分光光度计进行比色测定，根据标准曲线回归方程计算出葡萄汁中精氨酸含量。

精氨酸浓度在 1.5～12 μg/mL 范围内符合朗姆-比尔定律，摩尔吸光系数为 1.45×10^4 L/（mol·cm），从葡萄汁的样品分析结果可以看出，相对标准偏差和回收率分别在 1.13%～2.42%和 87.0%～100.7%范围内，此方法具有很高的精确度和准确度，适合用于葡萄汁中精氨酸含量的检测。

（2）Austin 等采用 NOPA 方法分析洗脱液中精氨酸的含量。因为 NOPA 方法测定的是全部氨基酸的含量，对精氨酸的测定没有特异性，因此干扰因素多，而坂口反应是精氨酸的特征性反应，灵敏度高，因此更适合用于葡萄汁中精氨酸的测定。

（3）葡萄汁中精氨酸含量与葡萄酒中 EC 含量有极大的相关性，相关系数达 0.9590，因此，在葡萄酒酿造中，了解葡萄汁中精氨酸的初始含量对葡萄酒中 EC 的质量控制意义重大。

第八章　分光光度法测定葡萄酒中尿素含量

葡萄酒酿造过程中，葡萄酒酵母可以通过尿素循环途径代谢精氨酸[79, 82, 83]。葡萄汁中精氨酸含量过高时，产生的尿素不能被细胞进一步代谢，尿素在细胞内积累到一定量时，酵母就会在发酵期间或发酵结束后将其释放到葡萄酒中，而尿素与乙醇可以自发反应生成氨基甲酸乙酯[4,5]。研究表明，氨基甲酸乙酯是一种多位点致癌物[2]。为采取措施降低葡萄酒中氨基甲酸乙酯的含量，建立简便、快速、经济、准确的检测葡萄酒中尿素含量方法对葡萄酒酿造工业有重要的实践意义。目前，已报道的检测食品中尿素含量的方法有酸性脲酶荧光光度法、电位生物传感器法和 HPLC 方法[189-191]，但这些方法仪器设备价格昂贵，测定流程烦琐，对操作人员要求较高，不适于中小型葡萄酒企业对葡萄酒中尿素含量进行及时检测和控制。本研究根据费伦反应（Fearon reaction）原理[192]，采用分光光度法检测尿素含量，设备条件及操作流程相对简单。本书主要对费伦试剂参数进行了优化。建立的方法简便，快速，灵敏度高，重现性好。

第一节　研究方法概述

一、材料与仪器

（1）葡萄酒样品。均为当年新鲜葡萄酒，其中 1#、2#、5#和 6#为白葡萄酒，3#、4#、7#和 8#为红葡萄酒；尿素（纯度≥99.9%）、精氨酸、甘氨酸（纯度≥99%）、国产 732#强阳性离子交换树脂，均为国产分析纯。

（2）高效液相色谱仪。美国 Thermo Finnigan 公司；TU-1901 双光束紫外-可见分光光度计。

二、试验方法

（一）费伦试剂显色液的配制

酸性含铁溶液：向 500mL 蒸馏水中加 300mL98%硫酸溶液和 200mL85%磷酸溶液，冷却至室温，向上述溶液中加入 $FeCl_3$，使 $FeCl_3$ 的浓度为 100mg/L。此溶液在室温下稳定两个月。

丁二酮单肟溶液：向 100mL 蒸馏水中加入一定量的丁二酮单肟配制成溶液。对丁二酮单肟添加量进行单因素试验。此溶液保存在棕色试剂瓶中，溶液储存一个月以上。

显色剂：此溶液在使用前配制。向 50mL 丁二酮单肟溶液中加入一定量的氨基硫脲，然后加入 100mL 酸性含铁溶液，震荡摇匀。对丁二酮单肟添加量进行单因素试验。此溶液使用中不能超过 1h。

（二）尿素标准溶液配制

尿素储备液：在 100mL 蒸馏水中溶解 100mg 尿素配制成 1g/L 的储备液。

尿素标准液：分别吸取 0、0.2mL、0.4 mL、0.6 mL、0.8 mL、1.0 mL、1.2mL 储备液至 100mL 容量瓶中，定容，配制成浓度为 0、2mg/L、4mg/L、6mg/L、8mg/L、10mg/L、12mg/L 的溶液。

（三）尿素检测方法[193]

向 25mL 的具塞试管中依次加入 1mL 样品和 3mL 显色剂，震荡摇匀 10～15s（试管混合后只要不经煮沸加热，放置 30min 对检测没有影响），在 100℃的沸水浴中保持一定时间。在暗处冷却至室温。然后在 530nm 下测定吸光度。对煮沸时间进行单因素试验。空白对照试验用蒸馏水代替样品。

（四）葡萄酒样品中尿素的分离提取[194]

取葡萄酒样品 20mL 加入离子交换树脂柱中（1.5×30cm），吸附平衡后，用 10mL 蒸馏水冲洗树脂柱，再用 5mL15%NaCl 溶液再次冲洗树脂柱，弃去冲洗液。然后用 15%的 NaCl 溶液洗脱树脂柱，检测洗脱液无颜色反应时停止洗脱，收集洗脱液，待测尿素含量。

（五）方法的验证性试验

采用 HPLC 方法。葡萄酒样品经过 0.45μm 滤头过滤后，置于小试管中备用。

色谱条件：Pinnacle II Amino（5μm，250mm×40mm）色谱柱；流动相：乙腈∶水＝95∶5（体积比）；流速：1mL/min；检测波长：203nm；柱温：40℃，进样量：1.0μL。

（六）试验设计

对费伦试剂中丁二酮单肟、氨基硫尿的添加量先进行单因素试验，在单因素试验的基础上，进行正交试验。正交试验因素水平见表 8-1。

表 8-1　丁二酮单肟和氨基硫脲添加量因素水平表 L_9（3^4）

编号	因素			
	A 丁二酮单肟/（g/L）	*B* 氨基硫尿/（g/L）	*C*（空列）	*D*（空列）
1	4	0.08		
2	5	0.10		
3	6	0.12		

（七）数据处理

采用 DPSv7.55 数据处理软件对试验数据的方差显著性进行分析。

第二节　丁二酮单肟添加量对吸光度的影响

丁二酮单肟是费伦反应中主要试剂之一，其添加量对反应呈色物质吸光度有很大影响。取 10mg/L 尿素标准液 1.0mL，加入 3.0mL 显色剂，其中氨基硫脲的添加量为 0.10g/L，在 100℃的沸水浴中保持 5min，考察丁二酮单肟溶液中丁二酮单肟的添加量为 2.0～7.0g/L 时对吸光度的影响，结果如图 8-1 所示。

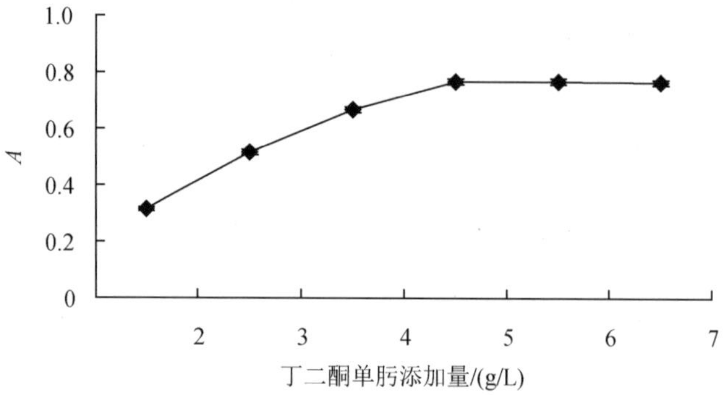

图 8-1　丁二酮单肟添加量对吸光度的影响

由图 8-1 可知，随着丁二酮单肟添加量的增加，吸光度逐渐增加，当丁二酮单肟的添加量增至 5.0g/L 时，吸光度接近最大值，其吸光度值为 0.767±0.011。继续增加丁二酮单肟至 7.0g/L，吸光度增加不明显，经方差显著性分析，丁二酮单肟添加量为 5.0～7.0g/L 时在 $P<0.05$ 水平上没有显著性差异，其吸光度为（0.767±0.011）～（0.764±0.010）。因此丁二酮单肟的最佳添加量为 5.0g/L。

第三节　氨基硫脲添加量对吸光度的影响

氨基硫脲也是费伦反应中主要试剂之一，其添加量对反应呈色物质吸光度有很大影响。取 10mg/L 尿素标准液 1.0mL，加入 3.0mL 显色剂，其中丁二酮单肟添加量为 5.0g/L，在 100℃的沸水浴中保持 5min，考察向丁二酮单肟溶液中添加氨基硫脲的量为 0.04～0.14g/L 时对吸光度的影响，结果如图 8-2 所示。

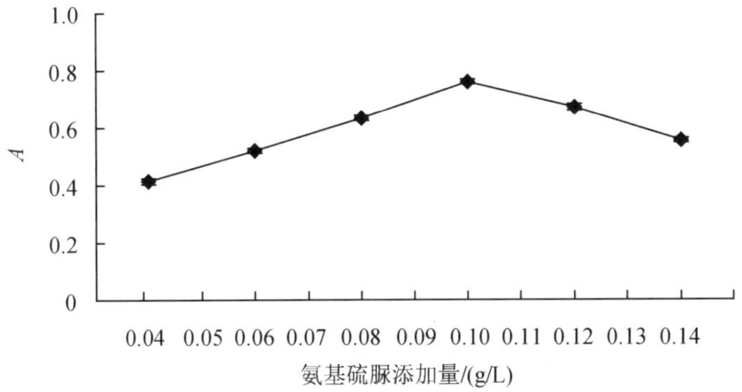

图 8-2　氨基硫脲添加量对吸光度的影响

由图 8-2 可知，随着氨基硫脲添加量的增加，吸光度逐渐增加，氨基硫脲添加量为 0.10g/L 时，吸光度值达最大，为 0.760±0.009；随着氨基硫脲添加量进一步增加，吸光度反而下降，当添加量达 0.14g/L 时，吸光度下降至 0.556±0.009。由图可知，氨基硫脲最佳添加量为 0.10g/L。

第四节　丁二酮单肟和氨基硫脲添加量正交试验

在单因素试验基础上，对丁二酮单肟和氨基硫脲添加量进行正交试验。根据单因素试验结果，设计正交试验因素水平见表 8-1。取 10mg/L 尿素标准液 1.0mL，加入 3.0mL 显色剂，其中丁二酮单肟的添加量和氨基硫脲的添加量依据表 8-1，在 100℃的沸水浴中保持 5min，正交试验结果见表 8-2。

表 8-2 正交试验结果分析

试验号	*A*	*B*	*C*	*D*	吸光度
1	1（4.0）	1（0.08）	1	1	0.559±0.018
2	1	2（0.10）	2	2	0.570±0.004
3	1	3（0.12）	3	3	0.677±0.026
4	2（5.0）	1	2	3	0.536±0.020
5	2	2	3	1	0.751±0.002
6	2	3	1	2	0.674±0.036
7	3（6.0）	1	3	2	0.694±0.017
8	3	2	1	3	0.729±0.023
9	3	3	2	1	0.853±0.026
K_1	1.807	1.961	2.276	1.807	
K_2	1.789	2.050	2.204	0.789	
K_3	1.962	1.960	2.122	1.962	
k_1	0.602	0.654	0.757	0.602	
k_2	0.596	0.683	0.735	0.596	
k_3	0.654	0.653	0.707	0.654	
R	0.156	0.138	0.0539	0.075	

由表 8-2 直观分析可知，丁二酮单肟添加量对吸光度影响最大，其次是氨基硫脲添加量，即影响吸光度的主要因素为丁二酮单肟添加量，次要因素为氨基硫脲添加量。因素最佳组合为 A_3B_2，即丁二酮单肟最佳添加量为 6.0g/L，氨基硫脲最佳添加量为 0.10g/L。对正交试验结果进行方差分析，结果见表 8-3。

表 8-3 正交试验结果方差分析

变异来源	SS	df	MS	*F*	F_α
A	0.1143	2	0.0571	60.45**	$F_{0.05}$（2，13）
B	0.0879	2	0.0439	46.48**	=3.80
C	0.0172	2	0.0086	9.11**	$F_{0.01}$（2，13）
D	0.0334	2	0.0167	17.68**	=6.70
试验误差	0.0085	9			
总变异	0.2508	17			

**为 $P<0.01$，表现为极显著

由正交试验结果的方差分析可知，丁二酮单肟和氨基硫脲添加量有交互作用。对吸光度的影响因素中，丁二酮单肟和氨基硫脲添加量均为极显著因素，表明此二因素对吸光度均有较大影响。

综合单因素及正交分析结果，丁二酮单肟最佳添加量为 6.0g/L，氨基硫脲最佳添加量为 0.10g/L。

第五节　沸水浴时间对反应液吸光度的影响

取 10mg/L 尿素标准液 1.0mL，加入 3.0mL 显色剂，其中丁二酮单肟的添加量为 6.0g/L，氨基硫脲的添加量为 0.10g/L。考察沸水浴时间 2～10min 对反应液产生呈色物质吸光度的影响，结果如图 8-3 所示。

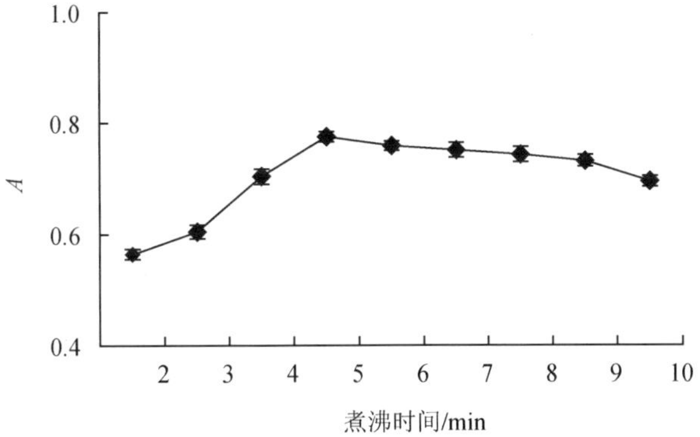

图 8-3　沸水浴时间对反应液吸光度的影响

由图 8-3 中可以看出，在煮沸时间为 2～5min 时，随着煮沸时间的延长，吸光度急剧增加，煮沸时间达 5min 时反应液吸光度达到 0.7775±0.009；继续增加煮沸时间，吸光度逐渐下降，煮沸时间达 6min 时，吸光度为 0.759±0.008，经方差显著性分析，煮沸时间为 5～6min 时，吸光度在 $P<0.05$ 水平上没有显著性差异；在煮沸时间为 7min 时，吸光度为 0.751±0.013，经方差显著性分析，煮沸时间在 5～7min 时，吸光度在 $P<0.05$ 水平上有显著性差异。随着煮沸时间的继续增加，吸光度值逐渐降低，煮沸时间达 10min 时，吸光度值下降至 0.695±0.010。因此，费伦反应的最佳煮沸时间为 5min，不能超过 6min。

根据以上分析，费伦反应法测定尿素时，费伦试剂中丁二酮单肟和氨基硫脲的最佳添加量为：丁二酮单肟 6.0g/L，氨基硫脲 0.10g/L。反应中煮沸时间为 5min。此条件下尿素含量在 0～12mg/L 范围内时标准曲线的回归方程为

$$y=0.0766x-0.0124 \quad (R^2=0.9992)$$

第六节　干扰物质对检测的影响

葡萄酒洗脱液的成分比较复杂，精氨酸、甘氨酸、氨基甲酰天冬氨酸等可以与费伦试剂反应显色[10]，葡萄酒中氨基甲酰天冬氨酸的含量极微，文献中未见有

葡萄酒中氨基甲酰天冬氨酸含量的报道，本书主要探讨精氨酸和甘氨酸对测定结果的影响。

分别配制精氨酸、甘氨酸和氨基甲酰天冬氨酸标准溶液 10mg/L，按照第一节二、试验方法中（三）的方法，两种标准溶液分别与费伦试剂反应，显色反应物的吸光度见表 8-4。

表 8-4　干扰物质对测定结果的影响

项目	尿素	精氨酸	甘氨酸
吸光度	0.776±0.012	0.018±0.001	0.013±0.000
干扰比例/%	—	2.3	1.7

由表 8-4 可以看出，在测定条件下，精氨酸和甘氨酸对检测的干扰分别为 2.3%和 1.7%。因此精氨酸和甘氨酸的吸收干扰可以忽略不计。

第七节　葡萄酒中尿素含量的测定

由表 8-5 可知，四个葡萄酒样品的相对标准偏差（RSD）为 3.1%～4.4%，说明本研究建立的方法的精密度是比较高的。葡萄酒中含有一定量的尿素，表明其在后续的储藏及运输过程中有和乙醇生成氨基甲酸乙酯的潜在危险性。

表 8-5　葡萄酒中尿素含量的测定结果

样品	葡萄酒中尿素含量测定值/（mg/L）					平均值/（mg/L）	标准偏差	RSD/%
	1	2	3	4	5			
1	4.6	4.8	4.9	4.8	4.4	4.7	0.2	4.3
2	12.8	12.2	11.9	12.6	13.1	12.5	0.5	3.8
3	28.5	27.6	29.4	29.8	28.3	28.7	0.9	3.1
4	21.7	21.4	23.8	22.9	22.7	22.5	1.0	4.4

由表 8-6 可知，应用该方法测定葡萄酒样品中尿素含量回收率为 92.8%～103.1%，准确度较高，能满足葡萄酒中尿素含量测定要求。

表 8-6　葡萄酒样品中尿素测定回收率试验结果

样品	测定值/（mg/L）	加标量/（mg/L）	加标后测定值/（mg/L）	回收率/%
1	4.6	5	9.27	92.8
2	12.8	10	23.2	103.1
3	28.5	25	53.1	98.6
4	21.7	20	40.6	94.9

第八节　方法的验证性试验

方法验证采用高效液相色谱法，进样条件依据方法中所示，结果见表 8-7。

表 8-7　分光光度法和 HPLC 方法检测结果比较（$n=4$）

样品	分光光度法/（mg/L）	HPLC 方法/（mg/L）
5	8.9 ± 0.2^{a}	8.8 ± 0.3^{a}
6	20.5 ± 0.9^{a}	21.4 ± 1.0^{a}
7	17.6 ± 0.7^{a}	18.0 ± 0.6^{a}
8	12.5 ± 0.5^{a}	11.7 ± 0.5^{a}

a 表示两种方法检测同一样品在 $P\leqslant0.05$ 水平上的显著性差异

由表 8-7 可知，利用分光光度法和 HPLC 方法检测葡萄酒中尿素含量，根据检测结果，对两种方法进行比较，检测值在 $P\leqslant0.05$ 水平上没有显著性差异，表明建立方法准确，可以用来对葡萄酒工业生产中葡萄酒中尿素含量进行检测。

第九节　研 究 小 结

建立分光光度法测定尿素含量时，费伦试剂中丁二酮单肟和氨基硫脲的最佳添加量为丁二酮单肟 6.0g/L，氨基硫脲 0.10g/L。反应中煮沸时间为 5min。此条件下显色产物吸光度达最大。测定葡萄酒样品吸光度时，稀释液的含量最高不能超过 12mg/L。洗脱液浓度在 0～12mg/L 范围内，方法最低检出限为 50μg/L，相对标准偏差（RSD）为 3.1%～4.4%，回收率为 92.8%～103.1%，能达到检测葡萄酒样品中尿素含量的要求。

第九章　葡萄酒中氨基甲酸乙酯研究成果探讨

本研究主要对葡萄酒中 EC 含量的检测的四种样品前处理方法 LLE、SPE、SPME 和 SLE 进行了参数优化；通过对四种前处理方法结合 GC/MS 分析葡萄酒中 EC 含量，得到了葡萄酒中 EC 含量检测的最佳方法，并将该方法作为葡萄酒中 EC 含量检测的标准方法；利用建立的标准方法对中国葡萄酒中 EC 含量进行了调查，并对调查结果进行了分析；建立了葡萄汁中精氨酸检测的简便、快捷方法，并对我国部分地区葡萄汁中精氨酸进行了含量测定，以便采取措施对我国葡萄酒中 EC 含量进行质量控制。本章在上述研究的基础上，得到以下结论，并对中国葡萄酒中 EC 含量检测及控制进行了讨论和展望。

第一节　葡萄酒中氨基甲酸乙酯影响因素探讨

一、萃取条件对 EC 回收率的影响

（一）pH 对 EC 回收率的影响

本研究在 LLE、SPE 和 SLE 方法中，溶液 pH 对 EC 回收率影响均不明显，除 SPE 方法在 pH 7.0 时 EC 回收率最低在 $P<0.05$ 水平上显著外，其他两种方法均不显著。而 SPME 方法在 pH 10.2 的溶液中 EC 萃取效果最佳。本书研究结果与 Woo 和 Lachenmeier 等报道的结果不一致[24,34]。Woo 等认为酒样 pH9.0 时 EC 回收率最高，在酸性范围内调整 pH 对 EC 回收率没有影响；而 Lachenmeier 等用 SPME 方法萃取核果酒精饮料中 EC 含量时认为，pH 为 7.0 时检测到 EC 峰面积最大，而 pH 为 3.0 和 11.0 时，EC 峰面积均较低。这种现象可能与 EC 的物理性质及吸附剂的特性有关。

EC 在水中的溶解度较高，大约为 2 g/mL（25℃），而在有机溶剂中的溶解度略低于在水中的溶解度。同时，EC 属于碱性有机化合物，在酸性溶液中，其氨基带正电荷，而在碱性溶液中氨基失去正电荷而呈分子状态，从而有利于从水相中被萃取到有机相中。因此，从理论上说，在碱性溶液中 EC 的萃取效果应更好一些，这个理论与本试验的 SPME 方法和 Woo 等的研究结果相一致。但本研究中，LLE、SPE 和 SLE 方法的 pH 在 7.0 处 EC 的回收率较低，而在酸性或碱性溶液中均较高，因此溶液 pH 对酒样中 EC 萃取的影响机理还需进一步研究。

（二）二氯甲烷用量对 EC 回收率的影响

LLE、SPE 和 SLE 方法中，二氯甲烷用量对 EC 回收率有显著性影响。LLE 方法因产生乳化现象，二氯甲烷消耗量最大，而 SLE 方法中，因溶液和硅藻土充分混合均匀，二氯甲烷消耗量最少，其具体吸附特性及二氯甲烷洗脱机理还未见报道。在 SPE 和 SLE 方法中，不同型号、不同批次的 SPE 小柱和硅藻土使用时，二氯甲烷的用量还需优化。

二、乙醇浓度对 EC 萃取回收率的影响

Lachenmeier 等[24]报道 SPME 方法萃取葡萄酒中 EC 时，乙醇浓度对 EC 的回收率有显著性影响，随着乙醇浓度的增加，EC 回收率降低。在 SPME 方法中，乙醇和 EC 会形成竞争性吸附，并且，Lachenmeier 等认为，如果溶液中乙醇的含量超过 20%（体积分数），乙醇会包裹 EC 形成微胶团，从而降低 EC 的回收率。Jagerdeo 等[23]用 MDGC 方法检测葡萄酒中 EC 含量时，用离心真空浓缩机把酒样处理 14～16 h 以除去乙醇。这些研究都表明，乙醇对酒精饮料中 EC 的萃取回收率可能有影响。许多文献报道的方法中，建议对酒样进行稀释，OIV 推荐的 Resolution Oeno 8/98 方法中建议把酒样稀释至乙醇含量为 7%～10%（体积分数）。

笔者试图用乙醇和EC标准品组成的模式溶液考察乙醇浓度对EC回收率的影响，但在试验中发现，分析纯无水乙醇的 10%溶液中含有 90～100 μg/L 的 EC，色谱纯无水乙醇的 10%溶液中含有 7～10 μg/L 的 EC，因此，目前笔者还没有找到不含 EC 的乙醇试剂验证乙醇浓度对 EC 回收率的影响，但试验中采用对酒样进行不同倍数的稀释的方法，结果表明，SPE 和 SLE 方法中在葡萄酒酒精度 12%（体积分数）范围内，稀释倍数对 EC 的测定值没有显著性影响。乙醇浓度对 EC 回收率的影响将是本研究下阶段研究的重要内容之一。

三、SPME 方法检测葡萄酒中 EC 含量的探讨

SPME方法是近20年来发展的样品前处理的新方法，它不需要消耗有机溶剂，萃取头可以重复使用，是一种经济环保的葡萄酒中 EC 检测的选择方法之一。但 SPME 方法也存在一些缺点：①SPME 的固定相聚酰亚胺在使用过程中逐渐被溶液膨胀，改变了固定相表面的多孔性及化学活性，因此解吸附作用逐渐降低。②由于 SPME 是依据液相、气相及萃取头固相三相平衡的原理进行定量测定，EC 体系达到平衡受萃取温度和时间的影响。EC 是半挥发性物质，常温下，萃取大约 180 min 后达平衡[24]，吸附平衡时间较长，因此，难以确定准确的吸附平衡时间点。③葡萄酒成分复杂，因没有净化与浓缩过程，EC 峰面积较小，干扰峰较多。以上缺点导致萃取葡萄酒中 EC 时，方法的精密度较差。

总之，SPME 方法是样品前处理的新方法，其在缩短萃取时间，不需要萃取溶剂方面的优点将是样品前处理方法发展的方向，在萃取头涂层材料的热稳定性及涂渍性能方面继续改进，将具有其他萃取方法无可比拟的优点。

四、葡萄汁中精氨酸含量与葡萄酒中 EC 的浓度

葡萄酒酵母可以降解葡萄汁中精氨酸产生尿素，葡萄酒 MLB 也可以降解葡萄汁中精氨酸生成瓜氨酸，在发酵过程中或发酵结束后尿素和瓜氨酸从细胞中释放出来，在酒液环境中和乙醇自发反应生成 EC。如果葡萄汁中精氨酸含量较高，则会导致葡萄酒中 EC 浓度升高。本研究建立了葡萄汁中精氨酸含量检测的简便方法，适合葡萄种植者和葡萄酒生产者应用，以便实时监控葡萄汁中精氨酸的含量。应用建立的方法对八个葡萄汁样品中精氨酸含量进行了检测，精氨酸含量最高值为 1314.11 μg/mL，最低值为 269.17 μg/mL，对其中四个样品进行酿酒试验，发现新酒中都未检出 EC，但潜在浓度都超过了加拿大规定的 30 μg/L 的真实含量指标限量值。因此，继续对我国各产区葡萄汁中精氨酸浓度进行调查及控制，对降低我国葡萄酒中 EC 的潜在浓度有重要的实践意义。

五、降低葡萄酒中 EC 含量的措施探讨

从 61 个葡萄酒样品的调查数据分析，我国葡萄酒中 EC 含量的真实浓度都比较低，1997 年后生产的葡萄酒中 EC 含量均低于 30 μg/L，有 81.82%的葡萄酒样品中 EC 含量低于 15 μg/L，但还有 40.99%的样品中 EC 含量高于“真正安全剂量” 10 μg/L，因此，还需要采取有效措施继续降低我国葡萄酒中 EC 含量。

降低葡萄汁中精氨酸含量，选育不产尿素的酵母菌株及不分泌瓜氨酸的 MLB 菌株是降低葡萄酒中 EC 含量的有效措施。但从发酵工艺及储藏方式上加以重视也是降低 EC 含量的重要途径之一。绘制尿素和瓜氨酸与乙醇反应的 Arrhenius 曲线，根据乙醇的浓度推测酒液在不同 pH、温度下生成 EC 的量，是降低消费者餐桌上葡萄酒中 EC 的真实浓度的有效措施之一。

第二节　葡萄酒中氨基甲酸乙酯研究创新

（1）对葡萄酒中 EC 含量检测的样品前处理方法进行对比研究，选择快捷简便、经济、环保的样品前处理方法结合内标定量法的 GC/MS 分析作为葡萄酒中 EC 含量检测的标准方法。

（2）对葡萄酒中危害人类安全的物质的含量进行调查分析，并在国内外首次建议对我国葡萄酒中 EC 的含量设置限量指标建议值。利用世界贸易组织技术壁

垒协定（WTO/TBT 和 SPS）中有关技术法规、标准等，合理设置葡萄酒贸易技术壁垒，保护我国葡萄酒消费者的利益及我国葡萄酒行业。

（3）建立简便、快捷、经济的葡萄汁中精氨酸含量检测的方法，探索葡萄汁中精氨酸浓度与葡萄酒中 EC 含量的相关性，为采取有效措施降低我国葡萄酒中 EC 含量奠定基础。

参 考 文 献

[1] Conacher H B S, Page B D. Ethyl carbamate in alcoholic beverages: a Canadian case history. Proceedings of Euro Food Tox Ⅱ. Zürich, 1986, 2: 237-242.

[2] Zimmerli B, Schlatter J. Ethyl carbamate: analytical methodology, occurrence, formation, biological activity and risk assessment. Mutation Research, 1991, 259: 325-350.

[3] 陆建, 曹钰. 葡萄酒中氨基甲酸乙酯的研究. 食品与发酵工业, 1996, 3: 79-82.

[4] Sakano K, Oikawa S, Hiraku Y, et al. Metabolism of carcinogenic urethane to nitric oxide is involved in oxidative DNA damage. Free Radical Biology and Medicine, 2002, 33:703-714.

[5] Miller Y E, Dwyer-Nield, Keith R L, et al. Induction of a high incidence of lung tumors in C57BL/6 mice with multiple ethyl carbamate injection. Cancer Letters, 2003, 198: 139-144.

[6] Tomisawa M, Suemizu H, Ohnishi Y, et al. Mutation analysis of vinyl carbamate or urethane induced lung tumors in rasH2 transgenic mice. Toxicology Letters, 2003, 142: 111-117.

[7] Beland F A, Wayne B R, Mellick P W, et al. Effect of ethanol on the tumorigenicity of urethane (ethyl carbamate)in B6C3F1 mice. Food and Chemical Toxicology, 2005, 43: 1-19.

[8] Ough C S. Ethyl carbamate in fermented beverages and foods. Ⅱ. Possible formation of ethyl carbamate from diethyl dicarbonate addition to wine. J Agric Food Chem, 1976, 24: 328-331.

[9] Ough C S. Ethyl carbamate in fermented beverages and foods. I. Naturally occurring ethyl carbamate. J Agric Food Chem, 1976, 24: 323-328.

[10] Canas B J, Joe F L, Diachenko G. W, et al. Determination of ethyl carbamate in alcoholic beverages and soy sauce by chromatography with mass selective detection: collaborative study. Journal of AOAC International, 1994, 77: 1530-1536.

[11] 耿予欢, 李国基. 关于酿造酱油中氨基甲酸乙酯的探讨. 中国酿造, 2003, 124(1): 31-33.

[12] 李伍林, 汪新亮, 周平春. 氨基甲酸乙酯的合成. 咸宁学院学报, 2005, 25(3): 99-100.

[13] 马娅萍, 孙守威, 邓富全. 用多维色谱-稳定同位素稀释质谱联用技术测定酒中氨基甲酸乙酯.分析化学, 1996a, 24(1): 36-40.

[14] 马娅萍, 孙守威, 邓富全. 用二维色谱技术直接定量测定白酒中氨基甲酸乙酯. 分析测试学报, 1996b, 15(3): 47-50.

[15] 王利平, 刘杨珉, 袁身淑. 固相微萃取气质连用分析黄酒中氨基甲酸乙酯. 江苏食品与发酵, 2003, 115(4): 3-6.

[16] 吴平谷, 陈正冬. 固相萃取结合 GC/MS 法测定酒中氨基甲酸乙酯. 卫生研究, 2004, 33(5): 627-628.

[17] 袁身淑, 刘杨岷, 王林祥, 等. 饮料酒中氨基甲酸乙酯测定方法的研究. 无锡轻工业学院学报, 1991, 10(3): 7-14.

[18] 周英田, 孙咏梅, 邓峰. 毛细管色谱/质谱选择离子监测法测定酒精饮料中氨基甲酸乙酯. 色谱, 1996, 14(3): 190-192.

[19] Bailey R, North D, Myatt D. Determination of ethyl carbamate in alcoholic beverages by methylation and gas chromatography with nitrogen - phosphorus thermionic detection. Journal of Chromatography A, 1986, 369: 199-202.

[20] Dennis M J, Howarth N, Massey R C, et al. Method for the analysis of ethyl carbamate in alcoholic beverages by capillary gas chromatography. Journal of Chromatography A, 1986, 369: 193-198.

[21] Fauhl C, Wittkowski R. Determination of ethyl carbamate in wine by GC-SIM-MS after continuous extraction with diethyl ether. Journal of High Resolution Chromatography and Chromatography Communications, 1992, 15(3): 203-205.

[22] Giachetti C, Assandri A, Zanolo G. Gas chromatographic-mass spectrometric determination of ethyl carbamate as the xanthylamide derivative in Italian aqua vitae (grappa)samples. Journal of Chromatography A, 1991, 585: 111-115.

[23] Jagerdeo E, Dugar S, Foster G D, et al. Analysis of ethyl carbamate in wines using solid-phase extraction and multidimensional gas chromatography/mass spectrometry. J Agric Food Chem, 2002, 50 (21): 5797 -5802.

[24] Lachenmeier D W, Nerlich U, Kuballa T. Automated determination of ethyl carbamate in stone-fruit spirits using headspace solid-phase microextraction and gas chromatography–tandem mass spectrometry. Journal of Chromatography A, 2006, 1108(1): 116-120.

[25] Lau B P, Weber D, Page D. Gas chromatographic-mass spectrometric determination of ethyl carbamate in alcoholic beverages. Journal of Chromatography, 1987, 402: 233-241.

[26] Ma Y P, Deng F Q, Chen D Z. Determination of ethyl carbamate in alcoholic beverages by capillary multi-dimensional gas chromatography with thermionic specific detection. Journal of Chromatography A, 1995, 695: 259-265.

[27] MacNamara K, Burke N, Mullins E, et al. Direct quantification of ethyl carbamate in distilled alcoholic beverages using a cold capillary injection system and optimised selected ion monitoring. Chromatographia, 1989, 27: 209-215.

[28] Matsudo T, Aoki T, Abe K, et al. Determination of ethyl carbamte in soy sauce and its possible precursor. Journal of Agricultural and Food Chemistry, 1993, 41: 352-356.

[29] Pierce W M Jr, Clark AO, Hurst H E. Determination of ethyl carbamate in distilled alcoholic beverages by gas chromatography with flame ionization or mass spectrometric detection. J Ass Offic Anal Chem, 1988, 71: 781-784.

[30] Whiton R S, Zoecklein B K. Determination of ethyl carbamate in wine by solid-phase microextraction and gas chromatography/mass spectrometry. American Journal of Enology and Viticulture, 2002, 53: 60-63.

[31] Melo Abreu S, Arminda A, Oliveira B, et al. Determination of ethyl carbamate in alcoholic beverages: an interlaboratory study to compare HPLC - FLD with GC/MS method. Analytical and Bioanalytical Chemistry, 2005, 382: 498-503.

[32] Park S K, Kim C T, Lee J W. Analysis of ethyl carbamate in Korean soy sauce using high-performance liquid chromatography with fluorescence detection or tandem mass spectrometry and gas chromatography with mass spectrometry. Food Control, 2007, (8): 975-982.

[33] Lachenmeier D W. Rapid screening for ethyl carbamate in stone-fruit spirits using FTIR spectroscopy and chemometrics. Anal Bioanal Chem, 2005, 382: 1407-1412.

[34] Woo I S, Kim I H, Yun U J, et al. An improved method for determination of ethyl carbamate in Korean traditional rice wine. Journal of Industrial Microbiology & Biotechnology, 2001, 26(6): 363-368.

[35] Ahmed F E. Analysis of pesticides and their metabolites in foods and drinks. Trends in Analytical Chemistry, 2001, 20: 649-661.

[36] Kataoka H, Lord H L, Pawliszyn J. Applications of solid-phase microextraction in food analysis. Journal of Chromatography A, 2000, 880: 35-62.

[37] 邢云, 王贵方, 李全民. 分析化学中的溶剂萃取技术. 理化检验-化学分册, 2005, 41(9): 694-696.

[38] 张海霞, 朱彭龄. 固相萃取. 分析化学, 2000, 28(9): 1172-1180.

[39] 孙天华, 刘晓茹.固相萃取技术及其演化发展.首都师范大学学报(自然科学版), 2004, 25: 116-119.

[40] 赵利剑, 杨亚玲, 夏静. 固相萃取技术的研究. 四川化工, 2005, 8(3): 21-25.

[41] 刘芃岩, 马育松. 固相萃取技术在农药残留分析中的应用. 河北大学学报(自然科学版), 2005, 25(1): 109-115.

[42] Kakalíková L, Matisová E, Leško J. Analysis of metalaxyl residues in wines by SPE in combination with HRCGC and GC/MS. Z Lebensm Unters Forsch, 1996, 203: 56-60.

[43] 王璟琳, 刘国宏, 李善茂,等. 固相萃取技术及其应用. 长治学院学报, 2005, 22(5): 21-26.

[44] 马娜, 陈玲, 熊飞. 固相萃取技术及其研究进展. 上海环境科学, 2002, 21(3): 181-186.

[45] Green C E. Abraham M H. Investigation into the effects of temperature and stirring rate on the solid phase diuron from water using a C18 extraction disk. Journal of Chromatography A, 2000, 885: 41-49.

[46] 杨通在, 罗顺忠. 固相微萃取技术的现状与进展. 环境研究与监测, 2006, 19(1): 1-7.

[47] Stashenko E E, Martínez J R. Derivatization and solid-phase microextraction. Trends in Analytical Chemistry, 2004, 23(8): 553-561.

[48] Camarasu C, Madichie C, Williams R. Recent progress in the determination of volatile impurities in pharmaceuticals. Trends in Analytical Chemistry, 2006, 25 (8): 768-777.

[49] Krutz L J, Senseman S A, Sciumbato A S. Solid-phase microextraction for herbicide determination in environmental samples. Journal of Chromatography A, 2003, 999: 103-121.

[50] Mestera Z, Sturgeon R, Pawliszyn J. Solid phase microextraction as a tool for trace element speciation. Spectrochimica Acta Part B, 2001, 56: 233-260.

[51] 王锡昌,陈俊卿.固相微萃取技术及其应用. 上海水产大学学报, 2004, 13(4): 348-352.

[52] 周菊珍, 周培庆. 固相微萃取实验条件的优化. 华东师范大学学报(自然科学版), 2000, 1: 103-106.

[53] 贾 丽, 张耀方, 刘海清,等. 固相微萃取/气相色谱-质谱法测定明胶中的对羟基苯甲酸乙酯. 分析测试学报, 2006, 25(2): 67-70.

[54] Malik A K, Kaur V, Verma N. A review on solid phase microextraction-High performance liquid chromatography as a novel tool for the analysis of toxic metal ions. Talanta, 2006, 68: 842-849.

[55] 李孝国, 张晓彤, 桂建舟,等. 多维气相色谱在线分析轻烃芳构化产物的研究. 石油化工高等学校学报, 2004, 17(2): 6-8.

[56] Funch F, Lisbjerg S. Analysis of ethyl carbamate in alcoholic beverages. European Food Research and Technology, 1988, 186(1): 29-32.

[57] Ferreira M A, Fernandes J O. The application of an improved GC/MS procedure to investigate ethyl carbamate behavior during the production of madeira wines. Am J Enol Vitic, 1992, 43(4): 339-343.

[58] Clegg B S, Frank R, Ripley B D, et al. Contamination of alcoholic products trace quantities of ethyl carbamate (urethane). Environmental Contamination and Toxicology, 1988, 41: 832-837.

[59] Vahl M. A survey of ethyl carbamate in beverages, bread and acidified milks sold in Denmark. Food Additives and Contaminants. 1993, 10(5): 585-592.

[60] Lee Kim Y K, Koh E, Chung H J, et al. Determination of ethyl carbamate in some fermented Korean foods and beverages. Additives and Contaminants, 2000, 17(6): 469-475.

[61] 纳新力, 陈介华, 代海香. 酒中氨基甲酸乙酯的薄层分析法. 卫生研究, 1991, 6: 45-46.

[62] Hübner P, Groux P M, Weibel B, et al. Genotoxicity of ethyl carbamate (urethane)in Salmonella, yeast and human lymphoblastoid cells. Mutation Research, 1997, 390: 11-19.

[63] Benson R. W, Beland F. A. Modulation of urethane (ethyl carbamate)carcinogenicity by ethyl alcohol: a review. International Journal of Toxicology, 1997, 16: 521-544.

[64] Cha S W, Gu H K,Lee K P, et al. Immunotoxicity of ethyl carbamate in female BALB/ c mice: role of esterase and cytochrome P450. Toxicology Letters, 2000, 115: 173-181.

[65] Schlatter J, Lutz W K. The carcinogenic potential of ethyl carbamate (urethane): risk assessment at human dietary exposure levels. Food Chemistry, 1990, 28(3): 205-211.

[66] Jeong T C, Cha S W, Park J I, et al. Role of metabolism in ethyl carbamate-induced suppression of antibody response to sheep erythrocytes in female Balb/C mice. International Journal of Immunopharmac, 1995, 17: 1035-1044.

[67] Forkert P G, Lee R P. Metabolism of ethyl carbamate by pulmonary cytochrome P450 and carboxylesterase isozymes: involvement of CYP2E1 and hydrolase A. Toxicology and Applied Pharmacology, 1997, 146: 245-254.

[68] Guengerich F P. Cytochrome P450 oxidations in the generation of reactive electrophiles: epoxidation and related reactions. Archiyes of Biochemistry and Biophysics, 2003, 409: 59-71.

[69] 夏艳秋, 朱强, 汪志君. 谨防黄酒中氨基甲酸乙酯的危害. 酿酒, 2004, 31(3): 51-53.

[70] International Agency for Research on Cancer. IARC Monographs on the Evaluation of Carcinogenic Risk to Humans: Some Anti-thyroid and Related Substances, Nitrofurans and Industrial Chemicals. World Health Organization, Lyon. 1974, 7:111.

[71] Choy W N, Black W, Mandakas G, et al. A pharmacokinetic study of ethanol inhibition of micronuclei induction by urethane in mouse bone marrow erythrocytes. Mutation Research, 1995, 341: 255-263.

[72] Ough C S, Crowell E A, Gutlove B R. Carbamyl Compound Reactions with Ethanol. Am J Enol Vitic, 1988, 39(3): 239-242.

[73] Liu S Q, Pritchard G G, Hardman M L, et al. Occurrence of arginine deiminase pathway enzymes in arginine catabolism by wine lactic acid bacteria. Applied and Environment Microbiology, 1995, 61(1): 310-316.

[74] Liu S Q, Pilone G J. A review: arginine metabolism in wine lactic acid bacteria and its practical significance. Journal of Applied Microbiology, 1998, 84: 315-327.

[75] Azevedo Z, Couto J A, Hogg T. Citrulline as the main precursor of ethyl carbamate in model fortified wines inoculated with *Lactobacillus hilgardii*: a marker of the levels in a spoiled fortified wine. Letters in Applied Microbiology, 2002, 34: 32-36.

[76] Arena M E, Manca de Nadra M C. Influence of ethanol and low pH on arginine and citrulline metabolism in lactic acid bacteria from wine. Research in Microbiology, 2005, 156: 858-864.

[77] Arena M E, Saguir F M, Manca de Nadra M C. Aginine, citrulline and ornithine metabolism by lactic acid bacteria from wine. International Journal of Food Microbiology, 1999, 52: 155-161.

[78] Huang Z, Ough C S. Effect of vineyard locations, varieties, and rootstocks on the juice amino acid composition of several cultivars. Am J Enol Vitic, 1989, 40(2):135-139.

[79] Mauricio J C, Ortega J M. Nitrogen compounds in wine during its biological aging by two flor film yeasts: an approach to accelerated biological aging of dry sherry - type wines. Biotechnology and Bioengineering, 1997, 53: 159-167.

[80] Jauniaux J C, Urrestarazu L A, Wiame J M. Arginine metabolism in *Saccharomyces cerevisiae*: subcellular localization of the enzymes. Journal of Bacterial, 1978, 133(3): 1096-1107.

[81] Watkins S J,Hogg T A,Lewis M J. The use of yeast inoculation in fermentation for port production effect on total potential ethyl carbamate. Biotechnology Letters, 1996, 18: 95-98.

[82] Uthurry C A, Varela F, Colomo B. Ethyl carbamate concentrations of typical Spanish red wines. Food Chemistry, 2004, 88: 329-336.

[83] Uthurry C A, Suárez Lepe J A. Ethyl carbamate production by selected yeasts and lactic acid bacteria in red wine. Food Chemistry, 2006, 94(2): 262-270.

[84] Bercy J, Dubois E, Messenguy F. Regulation of arginine metabolism in *Saccharomyces cerevisiae* expression of the three ARGR regulatory genes and cellular localization of their products. Gene, 1987, 55：277-285.

[85] Coulon J, Husnik J I, Inglis D L, et al. Metabolic engineering of *Saccharomyces cerevisiae* to minimize the production of ethyl carbamate in wine. Am J Enol Vitic, 2006, 57(2): 113-124.

[86] Mauricio J C, Valero E, Millán M C, et al. Changes in nitrogen compounds in must and wine during fermentation and biological aging by flor yeasts. Journal of Agricultural and Food Chemistry, 2001, 49: 3310-3315.

[87] Beltran G, Novo M, Rozès N, et al. Nitrogen catabol ite repression in *Saccharomyces cerevisiae* during wine fermentations. FEMS Yeast Research, 2004, 4: 625-632.

[88] Smart W C, Coffman J A, Cooper T G. Combinatorial regulation of the *Saccharomyces cerevisiae CAR1* (arginase)promoter in response to multiple environmental signals. Molecular and Cellular Biology, 1996, 16(10): 5876-5887.

[89] Messenguy F, Vierendeels F, Scherens B, et al. In *Saccharomyces cerevisiae*, expression of arginine catabolic genes *car1* and *car2* in response to exogenous nitrogen availability is mediated by the Ume6 (CargRI)-Sin3 (CargRⅡ)-Rpd3 (CargRⅢ)Complex. Journal of Bacteriology, 2000, 182 (11): 3158-3164.

[90] Suizu T, Limura Y, Gomi K, et al. Construction of urea non-producing yeast *Saccharomyces cerevisiae* by disruption of the *CAR1* gene. Agric Biol Chem, 1990, 54(2): 537-539.

[91] Kitamoto K, Oda K, Gomik, et al. Genetic engineering of a sake yeast producing no urea by successive disruption of arginase gene. Applied and Environmental Microbiology, 1991, 57(1): 301-306.

[92] Yoshiuchi K, Watanabe M, Nishimura A. Breeding of a non-urea producing sake yeast with killer character using a karl-1 mutant as a killer donor. Journal of Industrial Microbiology and Biotechnology, 2000, 24: 203-209.

[93] 曾新安, 于淑娟. 酿造过程中葡萄酒氨基酸的变化. 酿酒科技, 2006, 142(4): 50-54.

[94] Mira de Orduña R. Quantitative determination of L-arginine by enzymatic end-point analysis. Journal of Agricultural and Food Chemistry, 2001, 49: 549-552.

[95] Park H D, Shin M C, Woo I S. Antisense - mediated inhibition of arginase (*CAR1*)gene expression in *Saccharomyces cerevisiae*. Journal of Bioscience and Bioengineering, 2001, 92: 481-484.

[96] Pretorius I S, Toit M, Rensburg P. Designer yeasts for the fermentation industry of the 21st century. Food Technol Biotechnol, 2003, 41(1): 3-10.

[97] Versari A, Parpinello G P, Cattaneo M. *Leuconostoc oenos* and malolactic fermentation in wine: a review. Journal of Industrial Microbiology & Biotechnology, 1999, 23: 447-455.

[98] 李 华. 现代葡萄酒工艺学. 第二版. 西安: 陕西人民出版社, 2000.

[99] Liu S Q. Malolactic fermentation in wine—beyond deacidification. Journal of Applied Microbiology, 2002, 92: 589-601.

[100] Matthews A, Grimaldi A, Walker M, et al. Lactic acid bacteria as a potential source of enzymes for use in vinification. Applied and Environmental Microbiology, 2004, 70(10): 5715-5731.

[101] Liu S Q, Pritchard G G, Hardman M J, et al. Arginine catabolism in wine lactic acid bacteria: is it via the arginine deiminase pathway or the arginase-urease pathway? Journal of Applied Microbiology, 1996, 81: 486-492.

[102] Liu S Q, Pritchard G G, Hardman M J, et al. Citrulline production and ethyl carbamate (urethane)precursor formation from arginine degradation by wine lactic acid bacteria *Leuconostoc oenos* and *Lactobacillus buchneri*. Am J Enol Vitic, 1994, 45(2): 235-242.

[103] Crow V L, Thomas T D. Arginine metabolism in lactic streptococci. Journal of Bacteriology, 1982, 150: 1024-1032.

[104] Montel M C, Champomier M C. Arginine catabolism in *Lactobacillus sake* isolated from meat. Applied and Environmental Microbiology, 1987, 53(11): 2683-2685.

[105] Plugg C M, Stams A J M. Arginine catabolim by *Thermanaerovibrio acidaminovorans*. FEMS Microbiology Letters, 2001, 195: 259-262.

[106] Mira de Orduña R, Patchett M L. Growth and arginine metabolism of the wine lactic acid bacteria *Lactobacillus buchneri* and *Oenococcus oeni* at different pH values and arginine concentrations. Applied and Environmental Microbiology, 2001, 67(4): 1657-1662.

[107] Mira de Orduña R, Liu S Q, Patchett M L, et al. Kinetics of the arginine metabolism of malolactic wine lactic acid bacteria *Lactobacillus buchneri* CUC-3 and *Oenococcus oeni* Lo111. Journal of Applied Microbiology, 2000, 89: 547-552.

[108] Mira de Orduña R, Liu S Q, Patchett M L. Ethyl carbamate precursor citrulline formation from arginine degradation by malolactic wine lactic acid bacteria. FEMS Microbiology Letters, 2000, 183: 31-35.

[109] Tonon T, Lonvaud-Funel A. Arginine metabolism by wine *Lactobacilli* isolated from wine. Food Microbiology, 2002, 19: 451-461.

[110] Arena M E, Saguir F M, Manca de Nadra M C. Aginine dihydrolase pathway in *Lactobacillus plantarum* from orange. International Journal of Food Microbiology, 1999, 47: 203-209.

[111] Zúñiga M, Miralles M C, Pérez-Martínez G. The product of *arcR*, the sixth gene of the arc operon of *Lactobacillus sakei*, is essential for expression of the arginine deiminase pathway. Applied and Environmental Microbiology, 2002, 68(12): 6051-6058.

[112] Zúñiga M, Pérez G, González-Candelas F. Evolution of arginine deiminase (ADI)pathway genes. Molecular Phylogenetics and Evolution, 2002, 25: 429-444.

[113] Angelis M, Mariotti L, Rossi J. Arginine catabolism by sourdough lactic acid bacteria: purification and characterization of the arginine deiminase pathway enzymes from *Lactobacillus sanfranciscensis* CB1. Applied and Environmental Microbiology, 2002,68(12): 6193-6201.

[114] Zúñiga M, Champomier-Verges M, Zagorec M, et al. Structure and functional analysis of the gene cluster encoding the enzymes of the arginine deiminase pathway of *Lactobacillus sake*. Journal of Bacteriology, 1998, 180: 4154-4159.

[115] Divol B, Tonon T, Morichon S, et al. Molecular characterization of *Oenococcus oeni* genes encoding proteins involved in arginine transport. Journal of Applied Microbiology, 2003, 94: 738-746.

[116] Spano G, Chieppa G, Beneduce L, et al. Expression analysis of putative *arcA*, *arcB* and *arcC* genes partially cloned from *Lactobacillus plantarum* isolated from wine. Journal of Applied Microbiology, 2004, 96: 185-193.

[117] Tonon T, Lonvaud-Funel A. Metabolism of arginine and its positive effect on growth and revival of *Oenococcus oeni*. Journal of Applied Microbiology, 2000, 89: 526-531.

[118] Arena M E, Manca de Nadra M C, Muñoz R. The arginine deiminase pathway in the wine lactic acid bacterium *Lactobacillus hilgardii* X1B: structural and functional study of the arcABC genes. Gene, 2002, 301: 61-66.

[119] Bourdineaud J P, Nehmé B, Tesse S, et al. A bacterial gene homologous to ABC transporters protect *Oenococcus oeni* from ethanol and other stress factors in wine. International Journal of Food Microbiology, 2004, 92: 1-14.

[120] Stuart M R, Chou L S, Weimer B C. Influence of carbohydrate starvation and arginine on culturability and amino acid utilization of *Lactococcus lactis* subsp. *lactis*. Applied and Environmental Microbiology, 1999, 65(2): 665-673.

[121] Champomier Vergès M C, Zúñiga M, Morel-Deville F, et al. Relationship between arginine degradation, pH and survival in *Lactobacillus sakei*. FEMS Microbiology Letters, 1999, 180: 297-304.

[122] Chou L S, Weimer B C, Cutler R. Relationship of arginine and lactose utilization by *Lactococcus lactis* subsp. *lactis* ML3. International Dairy Journal, 2001, 11: 253-258.

[123] Tonon T, Bourdineaud J P, Lonvaud-Funel A. The *arcABC* gene cluster encoding the arginine deiminase pathway of *Oenococcus oeni*, and arginine induction of a CRP-like gene. Research in Microbiology, 2001, 152: 653-661.

[124] Muller C J, Fugelsang K C. 3a, 6a-Dimethylglycoluril, the product of the interaction of urea and diacetyl, as a source of post-bottling ethyl carbamate in wines. http: // cati. csufresno. Edu / verc / rese /96 / 960502 /index. Html, 1996.

[125] U. S. FDA. Ethyl Carbamate - Preventative Action Manual. VS. 1997.

[126] Butzke C E. Survey of yeast assimilable nitrogen status in musts from California, Oregon, and Washinton. American Journal of Enology and Viticulture, 1998, 49(2): 220-224.

[127] Spano G, Beneducel L, Palma L, et al. Characterization of wine *Lactobacillus plantarum* by PCR-DGGE and RAPD-PCR analysis and identification of *Lactobacillus plantarum* strains able to degrade arginine. World Journal of Microbiology and Biotechnology, 2006, 22: 769-773.

[128] Gu S L. Research report, investigating juice arginine and wine ethyl carbamate influenced by viticulrural factors. http://ari.Calstate. edu/research/pdf/00-1-007/Research Report-00 1-007, 2000.

[129] Soufleros E H, Bouloumpasi E, Tsarchopoulos C, et al. Primary amino acid profiles of Greek white wines and their use in classification according to variety, origin and vintage. Food Chemistry, 2003, 80: 261-273.

[130] Spayd S E, Nagel C W, Edwards C G. Yeast growth in riesling juice as affected by vineyard nitrogen fertilization. Am J Enol Vitic, 1995, 46: 49-55.

[131] Spayd S E, Wample R L, Evans R G, et al. Nitrogen fertilization of white riesling grapes in Washington. Must and wine composition. Am J Enol Vitic, 1994, 45: 34-42.

[132] Spayd S E, Wample R L, Stevens R G, et al. Nitrogen fertilization of white riesling grapes in Washington. Effect on petiole nutrient concentration, yield, yield components, and vegetative growth. Am J Enol Vitic, 1993, 44: 378-386.

[133] Ough C S, Trioli G. Urea removal from wine by an acid urease. Am J Enol Vitic, 1988, 39(4): 303-307.

[134] Monteiro F F, Bisson L F. Nitrogen supplementation of grape juice. I. effect on amino acid utilization during fermentation. Am J Enol Vitic, 1992, 43(1): 1-10.

[135] Valero E, Millán C, Ortega J M, et al. Concentration of amino acids in wine after the end of fermentation by *Saccharomyces cerevisiae* strains. Journal of the Science of Food and Agriculture, 2003, 83: 830-835.

[136] Virginia D M, George K M, Hennie J J V. Transcriptional profiling of wine yeast in fermenting grape juice: regulatory effect of diammonium phosphate. FEMS Yeast Research, 2003, 3: 269-287.

[137] Inglis D. The timing of di-ammonium phosphate addition to fermenting chardonnay must: effect on nitrogen utilization, ethyl-carbamate formation and CARl expression by yeast. Cool Climate Oenology and Viticuture, Brock University, 2002.

[138] Monteiro F F, Bisson L F. Amino acid utilization and urea formation during vinification fermentations. Am J Enol Vitic, 1991, 42:199-208.

[139] Tegmo-Larsson I M, Henick-Kling T. The effect of fermentation and extended lees contact on ethyl carbamate formation in New York wine. Am J Enol Vitic, 1990, 41(4): 269-272.

[140] Mauricio J C, Millán M C, Moreno J. Changes in the urea concentration during controlled wine aging by two "flor"veil-forming yeasts. Biotechnology Letters, 1995, 17(4): 401-406.

[141] Ingledew W M, Magnus C A, Patterson J R. Yeast foods and ethyl carbamate formation in wine. Am J Enol Vitic, 1987, 38(4): 332-335.

[142] Stevens D F, Ough C S. Ethyl carbamate formation: reaction of urea and citrulline with ethanol in wine under low to normal temperature conditions. American Journal of Enology and Viticulture, 1993, 44: 309-312.

[143] Kodama S, Suzuki T, Fujinawa S, et al. Urea contribution to ethyl carbamate formation in commercial wines during storage. American Journal of Enology and Viticulture, 1994, 45: 17-24.

[144] Hasnip S, Caputi A, Crews C. Effects of storage time and temperature on the concentration of ethyl carbamate and its precursors in wine. Food Additives and Contaminants, 2004, 21(12): 1155- 1161.

[145] Ough C S, Huang Z, An D. Amino acid uptake by four commercial yeasts at two different temperatures of growth and fermentation: effects on urea excretion and reabsorption. Am J Enol Vitic, 1991, 42 (1): 26-40.

[146] Daudt C E, Ough C S, Stevens D, et al. Investigations into ethyl carbamate, n-propyl carbamate, and urea in fortified wines. Am J Enol Vitic, 1992, 43(4): 318-322.

[147] An D, Ough C S. Urea excretion and uptake by wine yeasts as affected by varuous factors. American Journal of Enology and Viticulture, 1993, 44(1): 35-40.

[148] Torrea-Goñi D, Ancín-azpilicueta C. Nitrogen metabolism in Chardonnay musts inoculated with killer strains of *Saccharomyces cerevisiae*. Journal of Bioscience and Bioengineering, 2002, 94(1): 15-22.

[149] Terrade N, Mira de Orduña R. Impact of winemaking practices on arginine and citrulline metabolism during and after malolactic fermentation. Journal of Applied Microbiology, 2006, 101(2): 406-411.

[150] Henschke P A, Ough C S. Urea accumulation in fermenting grape juice. Am J Enol Vitic, 1991, 42(4): 317-321.

[151] Valero E, Mauricio J C, Milán M C, et al. Changes in the urea content of wine under different fermentation and aging conditions by two *Saccharomyces cerevisiae* races. Biotechnology Letters, 1999, 21: 555-559.

[152] Jussier D, Morneau D A, Mira de Orduña R. Effect of simultaneous inoculation with yeast and bacteria on fermentation kinetics and key wine parameters of cool-climate Chardonnay. Applied and Environmental Microbiology, 2006, 72(1): 221-227.

[153] Trioli G T, Ough C S. Causes for inhibition of an acid urease from *Lactobacillus fermentus*. Am J Enol Vitic, 1989, 40(4): 245-252.

[154] Fujinawa S, Burns G, Teja P. Application of acid urease to reduction of urea in commercial wines. Am J Enol Vitic, 1990, 41(4): 350-354.

[155] Fujinawa S, Kodama S, Todoroki H. Trace urea determination in red wine and its degradation rate by acid urease. Am J Enol Vitic, 1992, 43(4): 362-366.

[156] Zietsman A, Viljoen M, van Vuuren H. Preventing ethyl carbamate formation in wine. http://www.wynboer.co.za/ recentarticles/1200ethyl.php3, 2000.

[157] 赵树欣. 饮料酒中的氨基甲酸乙酯应引起国人重视. 酿酒科技, 1992, 51(3): 51-54.

[158] 刘颖, 吴伟祥, 闵航. 酒用脲酶的研究进展. 嘉兴高等专科学校学报, 1999, 12(3): 39-43.

[159] 李 华, 梁新红, 郭安鹊, 等. 葡萄酒苹果酸-乳酸菌精氨酸代谢研究概况. 微生物学报, 2006, 46(4): 663-667.

[160] Li H ,Zhang C H, Liu Y L. Species attribution and distinguishing strains of *Oenococcus oeni* isolated from Chinese wines. World Journal of Microbiology and Biotechnology, 2006, 22: 515-518.

[161] 王 华, 刘 芳, 李 华. 不同酒类酒球菌苹果酸-乳酸发酵对葡萄酒中氨基酸的影响. 中国食品学报, 2003, 3(4): 51-55.

[162] 中华人民共和国国家进出口商品检验局. 中华人民共和国进出口商品检验行业标准. 出口酒类中氨基甲酸乙酯残留量检验方法. SN 0285-93, 1994.

[163] Vas G, Gáll L, Harangi J, et al. Determination of volatile aroma compounds of Blâufrankisch wines extracted by solid-phase microextraction. Journal of Chromatographic Science, 1998, 36(10): 505-510.

[164] Mestres M, Martí M P, Busto O, et al. Simultaneous analysis of thiols, sulphides and disulphides in wine aroma by headspace solid-phase microextraction-gas chromatography. Journal of Chromatography A, 1999, 849: 293-297.

[165] Pollnitz A P, Jones G P, Sefton M A. Determination of oak lactones in barrel-aged wines and in oak extracts by stable isotope dilution analysis. Journal of Chromatography A, 1999, 857: 239-246.

[166] 魏黎明, 李菊白, 欧庆瑜, 等. 固相微萃取法在环境监测中的应用. 分析化学, 2004, 32(12): 1667-1672.

[167] Liu T T, Yang T S. Optimization of solid - phase microextraction analysis for studying change of headspace flavor compounds of banana during ripening. Journal of Agricultural and Food Chemistry, 2002, 50: 653-657.

[168] 袁志发. 试验设计与分析. 北京: 高等教育出版社, 2000.

[169] Arthur C L, Pawliszyn J. Solid phase microextraction with thermal desorption using fused silica optical fibers. Anal Chem, 1990, 62: 2145-2148.

[170] Lachenmeier D W, Schehl B, Kuballa T, et al. Retrospective trends and current status of ethyl carbamate in German stone-fruit spirts. Additives and Contaminants, 2005, 22(5): 397-405.

[171] Ough C S, Stevens D, Almy J. Preliminary comments on effects of grape vineyard nitrogen fertilization on the subsequent ethyl carbamate formation in wines. Am J Enol Vitic, 1989, 40(3): 219-220.

[172] Teerlink T, Nijveldt R J, Jong S, et al. Determination of arginine, asymmetric dimethylarginine, and symmetric dimethylarginine in human plasma and other biological samples by high-performance liquid chromatography. Analytical Biochemistry, 2002, 303: 131-137.

[173] Marra M, Bonfigli A R, Testa R, et al. High-performance liquid chromatographic assay of asymmetric dimethylarginine, symmetric dimethylarginine, and arginine in human plasma by derivatization with naphthalene-2, 3-dicarboxaldehyde. Analytical Biochemistry, 2003, 318: 13-17.

[174] Zhang L, Liu Y, Chen G. Simultaneous determination of allantoin, choline and l-arginine in Rhizoma Dioscoreae by capillary electrophoresis. Journal of Chromatography A, 2004, 1043:317-321.

[175] Bathl S, Naqvi S, Venkitasubramanian T A. Simple, rapid quantitative determination of lysine and arginine by thin-layer chromatography. Journal of Agricultural and Food Chemistry, 1976, 24(1): 56-57.

[176] Austin K T, Butzke C E. Spectrophotometric assay for arginine in grape juice and must. American Journal of Enology and Viticulture, 2000, 51(3): 227-232.

[177] Gump B H, Zoecklein B W, Fugelsang K C, et al. Comparison of analytical methods for prediction of prefermentation nutritional status of grape juice. American Journal of Enology and Viticulture, 2002, 53(4): 325-329.

[178] Gilboe D D, William J N. Evaluation of the Sakaguchi reaction for quantitative determination of arginine. Proccedings of the Society of Experimental Biology and Medicine, 1956, 91: 535-536.

[179] Micklus M J, Stein I M. The colorimitric determination of mono- and disubstituted guanidines. Analytical Biochemistry, 1973, 54: 545-553.

[180] Yamasaki R B, Shimer D A, Feeney R E. Colorimetric determination of arginine residues in proteins by p-nitrophenylglyoxal. Analytical Biochemistry, 1981, 111: 220-226.

[181] Sastry C S P, Tummuru M K. Spectrophotometric determination of arginine in proteins. Food Chemistry, 1984, 15: 257-260.

[182] 甘林火, 翁连进, 王士斌. 国产 732 型阳离子交换树脂吸附 L-精氨酸的特性. 离子交换与吸附, 2002, 18(6): 559-563.

[183] 甘林火, 翁连进, 韩媛媛, 等.3 种离子交换材料吸附 L-精氨酸的研究. 食品与发酵工业, 2005, 31(1): 1-4.

[184] Ceriotti G, Spandrio L. An Improved method for the microdetermination of arginine by use of 8-hydroxyquinoline. Journal of Biochemistry, 1957, 66: 603-607.

[185] 翁连进, 甘林火, 王士斌, 等. 大孔强酸型阳离子交换树脂对 L-精氨酸的吸附. 过程工程学报, 2004, 4(5): 391-396.

[186] 张义萍, 张伟国, 郝 刚. 离子交换法从发酵液中提取 L-精氨酸. 食品与发酵工业, 2005, 31(9): 63-65.

[187] 郝刚, 钱和. 发酵液中 L-精氨酸定量检测方法的研究. 食品工业科技, 2005, 26(2): 184-186.

[188] 钱竹, 徐鹏, 章克昌, 等. 大孔树脂分离提取发酵液中灵芝三萜类物质. 食品与生物技术学报, 2006, 25(6): 111-115.

[189] Iida Y, Ikeda M, Aoto M, et al. Fluorometric determination of urea in alcoholic beverages by using an acid urease column - FIAsystem. Talanta, 2004, 64(5): 1278-1282.

[190] Clarks, Francis P S, Conlan X A, et al. Determination of urea using high-performance liquid chromatography with fluorescence detection after automated derivatisation with xanthydrol. Journal of Chromatography A, 2007, 1161(1-2): 207-213.

[191] Trivedi U B, Lakshminarayana D, Kothari I L, et al. Potentiometric biosensor for urea determination in milk. Sensors and Actuators B: Chemical, 2009, 140(1): 260-266.

[192] Boyde T R C, Rahmatullah M. Optimization of conditions for the colorimetric determination of citrulline, using diacetyl monoxime. Analytical Biochemistry, 1980, 107: 424-431.

[193] Nagel C W, Weller K M. Colorimetric Determination of Urea in wine. Am J Enol Vitic, 1989, 40(2): 143-144.

[194] Mockler M P, Menebroker L R, Humoller F L. Determination of citrulline in plasma. Clinical Chemistry, 1960, 6(4): 291-298.

附录 1　葡萄酒中氨基甲酸乙酯含量检测标准方法

葡萄酒中氨基甲酸乙酯含量的测定

本标准由西北农林科技大学提出。

本标准由陕西省工业和信息化厅归口。

本标准起草单位：西北农林科技大学，陕西省葡萄与葡萄酒工程技术研究中心

本标准主要起草人：李华，王华，梁新红

1　范围

本标准规定了葡萄酒中氨基甲酸乙酯含量的测定方法。

本标准适用于酒精体积分数≤12%的葡萄酒中氨基甲酸乙酯含量的测定；对酒精体积分数＞12%的葡萄酒用蒸馏水稀释至体积分数≤12%时也可适用。

本方法的检出限为 2.0μg/L。

2　原理

将氨基甲酸丙酯作为内标加入样品中，与硅藻土充分混合均匀，装入玻璃色谱柱中，用二氯甲烷对氨基甲酸乙酯和氨基甲酸丙酯进行萃取。

使用真空旋转蒸发器对洗脱液进行浓缩，使用气相色谱/质谱法对浓缩物进行分析，以选择性离子控制模式质谱法进行检测。

3　试剂和材料

3.1　硅藻土：Celite 545 coarse。

3.2　氨基甲酸乙酯标准品：纯度＞99%。

3.3　氨基甲酸丙酯（内标）：纯度＞98%

3.4　丙酮色谱纯。在使用前要用气相色谱/质谱检查每一批丙酮有关对 *m*/*z* 62、74 和 89 离子反应的存在。

3.5　二氯甲烷：分析纯。在浓缩 200 倍以后，使用之前要用气相色谱/质谱对每一批进行分析，以检查对 *m*/*z* 62、74 和 89 离子反应的存在。

3.6　标准溶液的配制

3.6.1　氨基甲酸乙酯标准溶液

母液：1.00 mg/mL。将 100 mg 的氨基甲酸乙酯用丙酮溶解，以 100 mL 容量瓶定容。

标准溶液：10.0 μg/mL。将 1.0 mL 氨基甲酸乙酯母液加入 100 mL 容量瓶中，用丙酮稀释至刻度。

3.6.2　氨基甲酸丙酯标准溶液

母液：1.00 mg/mL。将 100 mg 的氨基甲酸丙酯用丙酮溶解，以 100 mL 容量瓶定容。

标准溶液：10.0 μg/mL。将 1.0 mL 氨基甲酸丙酯母液加入 100 mL 容量瓶中，用丙酮稀释至刻度。

3.6.3　氨基甲酸丙酯内标溶液

800 ng/mL。准确量取 3.6.2 中 8.0 mL 氨基甲酸丙酯标准溶液加入 100 mL 容量瓶中，用蒸馏水稀释至刻度。

3.6.4　氨基甲酸乙酯-氨基甲酸丙酯标准溶液

用蒸馏水将 3.6.1 中的氨基甲酸乙酯标准溶液和 3.6.2 中的氨基甲酸丙酯标准溶液进行稀释，得到以下浓度的氨基甲酸乙酯-氨基甲酸丙酯标准溶液：

（200 ng 氨基甲酸乙酯 ＋ 800 ng 氨基甲酸丙酯）/mL

（400 ng 氨基甲酸乙酯 ＋ 800 ng 氨基甲酸丙酯）/mL

（600 ng 氨基甲酸乙酯 ＋ 800 ng 氨基甲酸丙酯）/mL

（800 ng 氨基甲酸乙酯 ＋ 800 ng 氨基甲酸丙酯）/mL

（1000 ng 氨基甲酸乙酯 ＋ 800 ng 氨基甲酸丙酯）/mL

（1200 ng 氨基甲酸乙酯 ＋ 800 ng 氨基甲酸丙酯）/mL

3.6.5　标准曲线的绘制

准确吸取 3.6.4 中各浓度的标准溶液 1.0 mL，置于 250 mL 小烧杯中，加入 20.0 mL 蒸馏水，混合均匀，再加入 20.0 g 硅藻土，充分搅拌均匀后，装入玻璃色谱层析柱中，然后用二氯甲烷进行洗脱。洗脱液流经装有 10.0 g 无水硫酸钠的漏斗，收集在蒸馏烧瓶中，流速控制在小于 2 mL/min。洗脱液用真空旋转蒸发仪在 30℃条件下进行浓缩，浓缩至 4.0 mL 左右转至 KD 瓶中，用少量的二氯甲烷润洗圆底烧瓶，使氨基甲酸乙酯完全转入 KD 瓶中，在同样条件下浓缩至 1.0 mL，转至离心管中进行气相色谱/质谱仪定量分析。

4　仪器设备

4.1　气相色谱/质谱仪，配有极性毛细管色谱柱 30 m×0.25 mm×0.25 μm。

4.2　真空旋转蒸发仪。

4.3　玻璃色谱层析柱：300×15 mm。

5　分析步骤

5.1　葡萄酒样品的萃取

准确量取葡萄酒样品 20.0 mL 于 250 mL 小烧杯中，加入 1.0 mL 氨基甲酸丙酯内标溶液，混合摇匀，加入硅藻土 20.0 g，用玻璃棒搅拌均匀，装入层析柱，用 75～80 mL 二氯甲烷进行洗脱。洗脱液流经装有 10.0 g 无水硫酸钠的漏斗，收集在蒸馏烧瓶中，流速控制在小于 2 mL/min。洗脱液浓缩过程同 3.6.4。

5.2　气相色谱/质谱测定

5.2.1　色谱条件

DB-WAX 毛细管色谱柱 30 m×0.25 mm×0.25 μm，进样口温度 190℃，柱温程序：初温 40℃，保持 2 min，然后以 10℃/min 升至 180℃，保持 0.5 min，再以 50℃/min 的速度升至 220℃，保持 4 min。载气为高纯氦气，流速 1.0 mL/min，不分流进样，进样量 1.0 μL。

5.2.2　质谱条件

离子源温度 220℃；电子能量 70eV；接口温度 220℃；电子倍增电压 1568V；检测离子 *m*/*z* 62、74、89，定量离子 *m*/*z* 62。

5.3　测定

根据 3.6.4～3.6.5，吸取 1.0 μL 标准溶液的萃取浓缩液注入气相色谱/质谱仪中，对氨基甲酸乙酯和氨基甲酸丙酯的峰面积比值和氨基甲酸乙酯的浓度绘制标准曲线示意图，并计算出标准曲线回归方程。

根据 5.1，吸取 1.0 μL 葡萄酒样品萃取浓缩液注入气相色谱/质谱仪中，以保留时间定性，把试样中氨基甲酸乙酯与 n-氨基甲酸丙酯的峰面积比值带入回归方程定量。

6　结果计算

根据 5.3，计算出氨基甲酸乙酯-氨基甲酸丙酯对 *m*/*z* 62 离子的峰面积比值。代入标准曲线回归方程确定氨基甲酸乙酯在萃取物中的浓度 X_1（μg/L）。

葡萄酒样品中氨基甲酸乙酯的浓度 X（μg/L）为 X_1 除以葡萄酒样品的体积。

$$X = \frac{X_1}{20.0}$$

X：葡萄酒样品中氨基甲酸乙酯的浓度（μg/L）；

X_1：葡萄酒样品二氯甲烷浓缩萃取物经 GC/MS 分析，氨基甲酸乙酯-氨基甲酸丙酯对 *m*/*z* 62 离子的峰面积比值代入标准曲线回归方程得到的浓度（μg/L）；

20.0：葡萄酒样品体积（mL）。

7　分析方法的精密度和准确度

葡萄酒样品中氨基甲酸乙酯含量的回收率在 85%～95%，相对标准偏差（RSD）≤10%。

附录 2　葡萄酒中氨基甲酸乙酯含量限量标准指标建议值

1 检测方法：

附录 1 中的检测方法。

2 葡萄酒中氨基甲酸乙酯含量限量标准指标建议值：

1997 年后生产的干红、干白葡萄酒中氨基甲酸乙酯真实浓度的限量标准指标建议值为 15 μg/L。